CÓDIGO DE ÉTICA DO/A ASSISTENTE SOCIAL COMENTADO

EDITORA AFILIADA

Conselho Editorial da
área de Serviço Social

Ademir Alves da Silva
Dilséa Adeodata Bonetti
Elaine Rossetti Behring
Ivete Simionatto
Maria Lúcia Carvalho da Silva
Maria Lucia Silva Barroco

Dados Internacionais de Catalogação na Publicação (CIP)
(Câmara Brasileira do Livro, SP, Brasil)

Barroco, Maria Lucia Silva
  Código de Ética do/a Assistente Social comentado / Maria
Lucia Silva Barroco, Sylvia Helena Terra ; Conselho Federal de
Serviço Social – CFESS, (organizador). – São Paulo : Cortez, 2012.

  Bibliografia.
  ISBN 978-85-249-1920-6

  1. Código de ética – Assistentes sociais – Leis e legislação
– Brasil 2. Processo civil – Brasil I. Terra, Sylvia Helena
II. Conselho Federal de Serviço Social – CFESS III. Título.

12-05224   CDU-34:364.351.84(81) (094.56)

Índices para catálogo sistemático:

1. Brasil : Código de ética comentado : Assistentes sociais :
  Direito 34:364.351.84(81) (094.56)

Maria Lucia Silva Barroco
Sylvia Helena Terra
Conselho Federal de Serviço Social — CFESS
(Organizador)

CÓDIGO DE ÉTICA DO/A ASSISTENTE SOCIAL COMENTADO

1ª edição
22ª reimpressão

CÓDIGO DE ÉTICA DO/A ASSISTENTE SOCIAL COMENTADO
Maria Lucia Silva Barroco • Sylvia Helena Terra

Capa: Rafael Werkema – Intervenção gráfica em "Fardão", ilustração da capa do Código de Ética do/a Assistente Social, de Arthur Bispo do Rosário
Preparação de originais: Vivian Moreira
Revisão: Maria de Lourdes de Almeida
Composição: Linea Editora Ltda.
Assessoria editorial: Elisabete Borgianni
Secretaria editorial: Priscila F. Augusto
Coordenação editorial: Danilo A. Q. Morales

Nenhuma parte desta obra pode ser reproduzida ou duplicada sem autorização expressa do organizador e do editor.

© 2012 by CFESS

Direitos para esta edição
CORTEZ EDITORA
Rua Monte Alegre, 1074 – Perdizes
05014-001 – São Paulo – SP
Tel.: (11) 3864-0111   Fax: (11) 3864-4290
e-mail: cortez@cortezeditora.com.br
www.cortezeditora.com.br

Impresso no Brasil – julho de 2025

CONSELHO FEDERAL DE SERVIÇO SOCIAL — CFESS
Gestão: "Tempo de Luta e Resistência"

Presidente: Sâmya Rodrigues Ramos (RN)
Vice-Presidente: Marinete Cordeiro Moreira (RJ)
1ª Secretária: Raimunda Nonata Carlos Ferreira (DF)
2ª Secretária: Esther Luíza de Souza Lemos (PR)
1ª Tesoureira: Maria Lucia Lopes da Silva (DF)
2ª Tesoureira: Juliana Iglesias Melim (ES)
Conselho Fiscal: Kátia Regina Madeira (SC)
Marylucia Mesquita (CE)
Rosa Lúcia Prédes Trindade (AL)
Suplentes: Maria Elisa dos Santos Braga (SP)
Heleni Duarte Dantas de Ávila (BA)
Maurílio Castro de Matos (RJ)
Marlene Merisse (SP)
Alessandra Ribeiro de Souza (MG)
Alcinélia Moreira de Sousa (AC)
Erivã Garcia Velasco — Tuca (MT)
Marcelo Sitcovsky Santos Pereira (PB)
Janaine Voltolini de Oliveira (RR)

Livro organizado pelo Conselho Federal de Serviço Social (CFESS) por meio da Comissão de Ética e Direitos Humanos (CEDH/CFESS), composta pelas/os seguintes conselheiras/os: Marylucia Mesquita (coordenadora), Alcinélia Moreira de Sousa, Maria Elisa/dos Santos Braga, Maurílio Castro de Matos e Sâmya Rodrigues Ramos

Sumário

PREFÁCIO
Silvana Mara de Morais dos Santos 9

APRESENTAÇÃO
CFESS 19

PARTE I

Materialidade e potencialidades do
Código de Ética dos Assistentes
Sociais brasileiros

Introdução 31

1. Ética, história e projetos profissionais 38
   1.1 Gênese de uma nova ética profissional 38
   1.2 Fundamentos e valores dos Códigos de
       Ética (1947-1975) 43
   1.3 A ruptura com o conservadorismo ético: 1986 47

2. O Código de Ética de 1993 53

2.1 Concepção ética e fundamentos ontológicos..................... 53

2.2 Valores e formas de objetivação.. 58

2.3 A defesa dos direitos humanos... 63

2.4 Direção política e pluralismo 66

3. A materialização do Código de Ética: exigências e
possibilidades... 71

3.1 Cotidianidade, alienação moral e *ethos* profissional.......... 71

3.2 Consciência ética e responsabilidade.................................. 77

3.3 O compromisso ético-político com os usuários.................. 85

3.4 O sigilo profissional.. 91

3.5 Solidariedade e respeito crítico.. 94

4. Ética, trabalho e formação profissional 97

4.1 Ética e pesquisa.. 102

Considerações finais 107

PARTE II

Código de Ética do(a) Assistente Social:
comentários a partir de uma perspectiva
jurídico-normativa crítica

Introdução 115

Resolução CFESS n. 273, de 13 de março 1993 119

Princípios fundamentais 120

BIBLIOGRAFIA 251

Prefácio

Código de Ética comentado: reflexão para o fortalecimento do projeto ético-político na formação e no trabalho do(a) assistente social

"Apenas quando somos instruídos pela realidade é que podemos mudá-la."

(Bertolt Brecht)

Com as profundas mudanças teórico-metodológicas vivenciadas pelo Serviço Social brasileiro a partir de fins de 1970, o debate sobre a ética se fortalece no universo profissional na década seguinte e culmina com a aprovação do Código de Ética Profissional (CEP) de 1986. É nesse movimento de debates e reflexões sobre a ética, coordenado pelo Conselho Federal de Serviço Social (CFESS) que, na década de 1980, conquista-se a ruptura com "concepções filosóficas conservadoras, fundadas no neotomismo, donde a prevalência de valores abstratos, da lógica da harmonia, do bem comum e da neutralidade" (CFESS, 2011a), no entendimento da ética, que orientou, apesar de suas particularidades, os códigos profissionais anteriores (1947/1965/1975).

Foi, portanto, na conjuntura sócio-histórica de luta pela conquista do Estado de direito e pela vigência da democracia política que se efetivaram iniciativas coletivas de reflexão e de luta em busca de um projeto profissional direcionado aos interesses da classe trabalhadora e à crítica ao conservadorismo e suas implicações na vida social e profissional. O conjunto de mudanças teórico-metodológicas e ético-políticas que se efetivam no Serviço Social brasileiro a partir desse período alicerça o que hoje denominamos de projeto ético-político profissional e sintetiza um processo permeado de debates, lutas, conquistas, tensões e desafios. Processo que, por ser histórico, encontra-se aberto às determinações societárias, à dinâmica da luta de classes, à relação entre Estado e sociedade e às possibilidades que emanam das contradições postas na realidade.

Por um conjunto amplo de mediações, as contradições são apreendidas e (re)construídas, num movimento dialético em que sobressai o entendimento de que formação e exercício profissional com qualidade exigem, entre muitas outras questões, direção política crítica para que o projeto ético-político profissional não se degenere em mera "carta de intenção". Com o aprofundamento e a socialização de diferentes experiências profissionais/acadêmicas, estudantis e militantes, várias gerações de assistentes sociais têm contribuído na construção da direção político-coletiva do Serviço Social brasileiro. São esses sujeitos profissionais, individuais e coletivos que potencializam as contradições e, com análise crítica da realidade, em articulação com outros sujeitos, em determinadas condições objetivas, estabelecem vínculos orgânicos entre a agenda profissional e as lutas por direitos. As entidades nacionais da categoria, notadamente o CFESS com os Conselhos Regionais de Serviço Social (CRESS), a Associação Brasileira de Ensino e Pesquisa em Serviço Social (Abepss) e, no âmbito estudantil, a Executiva Nacional dos Estudantes de Serviço Social (Enesso), destacam-se nesse processo.

É nesse sentido que, nos anos 1990, em continuidade ao movimento permanente de análise e atuação crítica no âmbito da formação e do trabalho profissional, a categoria de assistentes sociais, novamente sob a coordenação do CFESS, foi chamada a rever e aprimorar o entendimento da ética, bem como aperfeiçoar os instrumentos normativos do Serviço Social. Na trilha do amadurecimento teórico-político vivenciado no universo profissional e ancorado na realidade objetiva, inúmeras questões no campo da reflexão ética adensaram a vida social no Brasil.

Sob a égide das iniciativas do capital, em seu processo de dominação econômica e ideológica, em nível mundial e nas particularidades em âmbito nacional, os anos 1990 são emblemáticos. Ocorrem o aprofundamento das reformas neoliberais, do conservadorismo na política e a ampla disseminação do pragmatismo, competitividade, individualismo e moralismo como estilos de vida contemporâneos. Na perspectiva ideológica de disseminar como verdade o fim das classes sociais, o capital se apropria de aspectos da agenda política da classe trabalhadora no que se refere a algumas iniciativas e conquistas que marcaram as lutas pela democracia e no campo da liberdade e dos valores. Lutas que foram realizadas por diferentes sujeitos que socializaram essa agenda política sintetizando reivindicações por trabalho, liberdade e direitos. Destacam-se movimentos sociais e sindicais pelos direitos do trabalho, feministas, pela liberdade de orientação e expressão sexual, contra formas variadas de opressão, preconceito, discriminação, autoritarismo e repressão que adentraram o universo político-cultural a partir dos anos 1960. As classes dominantes se apropriam e colocam sob sua direção política demandas e conquistas do trabalho e das lutas pelo reconhecimento da diversidade humana. Questões que foram dissipadas e distantes historicamente do ideário burguês, mas que a partir daquela conjuntura e de modo meramente ideológico apareceram como sendo de interesse e de identidade de todos/as.

Não podemos esquecer que é nessa mesma década de 1990 que foi aprovada a Lei de Regulamentação da profissão — Lei n. 8.662 — e o atual Código de Ética dos/as assistentes sociais, ambos em 1993. No caso específico do CEP, entendemos que ele foi síntese de lutas e conquistas, revelando o amadurecimento das reflexões iniciadas na viragem da década de 1970-1980 e expressas no Código de 1986. Esse Código foi fruto de construção coletiva da categoria, que se revelou insuficiente, entre outras questões, na subordinação imediata entre ética e política e na ausência de mediações entre projeto societário e projeto profissional. A superação dos limites identificados no CEP de 1986 aconteceu mediante o movimento de apreensão da realidade numa perspectiva de totalidade, em sintonia com o legado teórico-político sobre a ética, conquistado na década anterior, e com a participação nas lutas sociais.

O Código de Ética vigente preserva as conquistas pretéritas registradas no CEP de 1986 e avança com o que de melhor o Serviço Social brasileiro apreendeu e produziu sobre os fundamentos ontológicos do ser social e sobre a relação estratégica entre projeto profissional, defesa dos direitos e projeto societário.

> Em fevereiro de 2011 o CFESS lançou a 9ª edição do Código de Ética do(a) Assistente Social que incorpora alterações aprovadas no 39º Encontro Nacional do Conjunto CFESS/CRESS, realizado em setembro de 2010 em Florianópolis (SC). Estas alterações se referem à incorporação das novas regras ortográficas da língua portuguesa e à numeração sequencial dos princípios fundamentais do Código e, ainda, ao reconhecimento em todo o texto da linguagem de gênero. Houve também mudanças de nomenclatura, com a substituição do termo "opção sexual" por "orientação sexual", incluindo ainda no princípio XI a "identidade de gênero", seguindo entendimento político dos movimentos sociais e entidades que atuam na defesa da liberdade de orientação e expressão sexual, livre identidade de gênero, do feminismo e dos direitos humanos. (CFESS, 2011a)

Vale registrar que a numeração sequencial dos princípios tem como objetivo facilitar a identificação e o enquadramento dos princípios violados nos processos e recursos éticos. De modo nenhum representa o estabelecimento de hierarquia de importância entre eles, pois prevalece o entendimento de que todos os princípios são igualmente relevantes e fundamentais para assegurar, no exercício profissional, direção social em sintonia com o projeto ético-político.

O CEP vigente mostra sua densidade histórica e atualidade na defesa dos interesses do trabalho e da classe trabalhadora. Somente uma sociedade "para além do capital" possibilitará a plena realização dos indivíduos sociais e de novos valores. Reconhece a liberdade como valor ético central e um conjunto de princípios e valores que orientam o trabalho profissional. Estabelece normas, deveres e proibições, objetivando-se como instrumento normativo-jurídico posicionado face aos interesses de classe. Isso permite afirmar que temos diretrizes concretas voltadas para a análise profunda da realidade nos mobilizando para a consequente busca de respostas profissionais que afirmem compromisso com a construção de uma agenda política crítica e emancipatória.

É nessa perspectiva de afirmação do projeto ético-político profissional que este livro — *Código de Ética do/a Assistente Social comentado* — fundamenta-se e assumirá lugar de grande relevância no âmbito da formação e do exercício profissional. As autoras identificadas com o pensamento marxiano não fazem concessão a qualquer ideia de eticismo nem de economicismo na análise da vida social, da ética e da profissão. Isso, evidentemente, supõe o entendimento de que a ética deve ter como suporte uma ontologia do ser social e que os valores brotam da vida concreta, posto que possuem determinação objetiva.

Maria Lucia Barroco oxigena e aprofunda, com sua profícua produção intelectual, o debate sobre ética e direitos humanos no Serviço Social e além desse. Com este livro, nos oferece mais uma vez aportes críticos no entendimento do CEP e da ética, localizando o sentido e a necessidade histórica da afirmação da direção social, dos princípios e valores emancipatórios no cotidiano profissional. Acrescenta, ainda, reflexões sobre ética, trabalho e formação profissional e sobre ética e pesquisa. Sylvia Helena Terra, assessora jurídica do CFESS, com indiscutível competência já reconhecida e legitimada em sua produção técnica e intelectual, analisa o Código de Ética do(a) Assistente Social a partir de uma perspectiva teórica jurídico-normativa crítica. Evidencia, com suas ideias e ação profissional, profunda e bela defesa do projeto ético-político, realizada por alguém que não é assistente social.

Este livro reúne, portanto, duas grandes intelectuais e militantes que, ao comentarem o Código de Ética vigente, nos oferecem bem mais que comentários. São densas reflexões sobre os fundamentos teóricos e direção social que objetivam o projeto ético-político no entendimento da ética, da liberdade, da democracia e dos direitos humanos. É um convite à análise crítica sobre o ideário liberal que insiste em nos rodear e sobre o relativismo ético tão amplamente disseminado neste momento histórico de crise estrutural do capital.

As autoras mostram que nunca foi tão necessário o posicionamento ético e político diante das situações de exploração do trabalho e daquelas que reproduzem opressão, preconceito e discriminação. É próprio da sociabilidade do capital disseminar a ideia de que todos são igualmente responsáveis pela crise societária que estamos vivenciando. Nesta perspectiva, desemprego, violência, fome, mercantilização da saúde, da educação e de todas as dimensões da vida social são considerados fenômenos comuns do desenvolvimento da humanidade. E se todos são tidos como responsáveis pela crise e se a barbárie é normal como destino da humanidade, o resultado na vida cotidiana é a instauração de um profundo niilismo ético e político. A quem pode interessar tal situação? Para onde caminhará a humanidade se parte significativa da população e da esquerda, incluindo assistentes sociais e profissionais de diferentes áreas, internalizar a perenidade do sistema do capital?

As reflexões éticas contidas neste *Código de Ética do/a Assistente Social comentado* contribuem também para responder a estes e muitos outros questionamentos que põem em debate a relevância das escolhas, dos princípios e valores que orientam as decisões, compromissos e ações profissionais. O entendimento da emancipação humana como projeto societário com possibilidade histórica de realização oferece profundo sentido ao cotidiano profissional. E é este o fio condutor da análise desenvolvida por Maria Lucia Barroco e Sylvia Helena Terra, que explicitam a profunda crise societária e civilizatória imposta pelo capital à humanidade. Por maiores que sejam os obstáculos neste tempo de reprodução sem limite da desigualdade social, em que o capital dirige a vida social e institucional com voracidade na defesa do seu projeto de acumulação, faz todo sentido histórico afirmar e reafirmar incessante e cotidianamente os fundamentos teóricos e políticos, os princípios e valores do atual Código de Ética.

O livro nos provoca a pensar que precisamos, como assistentes sociais, continuar a tecer, com bastante vitalidade, a trajetória histórica aberta em fins dos anos 1970 e que nestes mais de 30 anos tem posto o Serviço Social como partícipe nas grandes questões em defesa do trabalho, da seguridade social pública e nas lutas dos mais diferentes movimentos sociais.

A grandiosidade dos obstáculos e dos desafios para assegurar condições de trabalho e direitos da população usuária, encontrada em cada instituição onde se realiza o trabalho do(a) assistente social, tem de favorecer o entendimento quanto aos limites da sociabilidade do capital em toda sua densidade histórica. Não é o Código de Ética que dificulta a realização do trabalho profissional. Não é o projeto ético-político que é ilusório ou de impossível efetivação. É a sociabilidade capitalista que não assegura condições concretas para o atendimento das necessidades humanas e dos direitos na vida cotidiana. É o projeto político das classes dominantes que busca destituir de sentido histórico as experiências de resistência e de luta do trabalho; que busca desregulamentar e diluir profissões, desrespeitando processos coletivos de organização, cultura política e instrumentos normativos instituídos de modo legal e democrático; que assegura, por meio do Estado, iniciativas que resultam na precarização da formação e do exercício profissional.

Este livro insere-se, assim, no debate sobre a validade histórica e atualidade do projeto ético-político profissional e sua articulação com um projeto societário radicalmente anticapitalista, afinal vivemos um momento em que o capitalismo nada pode oferecer em termos da preservação nem de ampliação das conquistas históricas do trabalho. Exatamente por isso, a iniciativa do Conjunto CFESS-CRESS em organizá-lo é fundamental, pois nos possibilita refletir eticamente sobre o cotidiano profissional e sobre quais situações nos convocam à resistência e à luta nos dias atuais.

A resposta a esta indagação é, no mínimo, complexa e desafiante. Isto porque temos o entendimento teórico-ético-político de que não se trata de resistir e lutar apenas contra algumas situações específicas, a um ou outro acontecimento que indique precarização no universo da formação e do exercício profissional. Neste momento sócio-histórico vivenciamos todos os dias situações que são reveladoras de uma sociabilidade que se desenvolve e se afirma mediante processos destrutivos da natureza, do trabalho e da própria vida. Na contramão de um projeto radicalmente voltado aos interesses da humanidade, vivemos um momento de materialização extrema de uma sociedade fundada na defesa, proteção e na expansão da propriedade privada.

O capitalismo contemporâneo destrói conquistas civilizatórias históricas, produto da luta política da classe trabalhadora e alicerça as condições de vigência da barbárie na vida cotidiana, além de promover argumentos ideológicos justificadores da exploração e da opressão. Aqui reside, talvez, a razão mais genuína da necessidade histórica de articulação entre projeto profissional e um projeto societário emancipatório: o fato de que não há possibilidade objetiva de o capitalismo funcionar sem produzir desigualdade social e sem combinar exploração do trabalho com formas variadas de opressão, em processos intensos de mercantilização da vida social e de banalização da vida humana.

Os CRESS e todos/as que participam diretamente das atividades no âmbito do Conjunto CFESS-CRESS sabem o quanto este livro era esperado. Soma-se a outras grandes iniciativas efetivadas pelo CFESS e que objetivam socializar, aprofundar e enraizar a concepção de ética que fundamenta o projeto ético-político profissional, como a realização do "Projeto Ética em Movimento"; as campanhas de gestão na área dos direitos humanos; a publicação do CFESS Manifesta, as resoluções que se referem às questões e desafios postos no exercício profissional, entre muitas outras ações estratégicas.

Da experiência vivida no CFESS posso afirmar que várias gestões do Conselho Federal se empenharam para a efetivação deste projeto. As inúmeras demandas da entidade, notadamente aquelas postas à assessoria jurídica, adiaram a realização desta importante tarefa. Vale registrar que foram decisivas as contribuições das queridas companheiras Elizabete Borgianni (ex-conselheira do CFESS — 2002-2005 e conselheira presidente do CFESS — 2005-2008), Ivanete Boschetti (ex-conselheira do CFESS — 2005-2008 e conselheira presidente do CFESS — 2008-2011) e Ana Cristina Abreu (ex-conselheira do CFESS — 2002-2005 e 2005-2008 e neste momento assessora especial da entidade).

A gestão do CFESS "Tempo de Luta e Resistência" tem o mérito todo especial de finalizar e trazer a público esta importante deliberação do Encontro Nacional CFESS-CRESS e projeto de várias gestões. Merece destaque a condução política e intensa dedicação, radicalmente comprometida com o projeto ético-político profissional, de Sâmya Rodrigues Ramos (presidente do CFESS — 2011-2014) e o valioso trabalho da comissão de ética e direitos humanos, sob a coordenação de Marylucia Mesquita, duas grandes companheiras nas lutas emancipatórias.

O *Código de Ética do/a Assistente Social comentado*, agora publicado, constitui instrumento estratégico de defesa e valorização do projeto ético-político do Serviço Social brasileiro e atesta o compromisso das autoras e do Conjunto CFESS-CRESS "com a qualidade dos serviços prestados à população e com o aprimoramento intelectual, na perspectiva da competência profissional" e da defesa histórica por uma sociedade anticapitalista.

Natal, janeiro de 2012

SILVANA MARA DE MORAIS DOS SANTOS

Ex-conselheira coordenadora da Comissão de Ética e Direitos Humanos do CFESS (durante as gestões 2005-2008 e 2008-2011). Professora do Departamento de Serviço Social da UFRN, atualmente Coordenadora do Programa de Pós-Graduação em Serviço Social e Coordenadora do Grupo de Pesquisa Trabalho, Ética e Direitos.

Apresentação

> "[...] *imersos neste compêndio de preceitos,*
> *normas, regras, artigos e parágrafos*
> *encontramos, também, poesia, história, justiça,*
> *vontade, dor, pluralidade*
> *que foram embebidos*
> *na democracia na construção de uma práxis profissional*
> *que busca muito mais*
> *do que esta cidadania pintada*
> *com cores da burguesia.*
> *Queremos outra sociabilidade!*
> *Queremos nos saciar*
> *sempre de justiça.*
> *A fome é tamanha [...]*
> *Insatisfeitos/as seremos se o*
> *prato for a igualdade formal.*
> *Queremos muito mais [...]."*
>
> (Andréa Lima, **Além da ética**...)

É com imensa felicidade e emoção que o Conselho Federal de Serviço Social (CFESS) apresenta o livro *Código de Ética do/a Assistente Social comentado*, que busca refletir e problematizar as potencialidades de um dos instrumentos mais relevantes ao Serviço Social brasileiro: o Código de Ética de 1993.

Nas últimas décadas o Serviço Social, por meio de suas entidades representativas, tem efetivado iniciativas incontestes na defesa da liberdade, da democracia e dos direitos humanos. Um dos maiores desafios contemporâneos consiste em, tempo de luta e resistência, qualificar a direção social de nossas ações. Sabemos que o campo da democracia e dos direitos é envolvido por tensões/contradições que, se por um lado, a luta pela democratização das relações sociais e por acesso a direitos é necessária e indispensável, por outro, por si mesma representa limites, na medida em que a determinação fundante para a garantia da igualdade e da liberdade substantivas não redunda da conquista do direito, mas da transformação da sociabilidade sob o capital. No entanto, o acúmulo teórico-político no âmbito do Serviço Social brasileiro, nesses mais de 30 anos, nos possibilita transitar com radicalidade na defesa intransigente dos direitos sem ignorar as condições sócio-históricas impostas pelo capitalismo, especialmente nos dias atuais, época de criminalização da pobreza, dos movimentos sociais e de suas lideranças; de regressão de direitos, focalização das políticas sociais, do avanço do conservadorismo e do fundamentalismo, do espraiamento de desvalores e de experiências desumanizantes que interditam o desenvolvimento das potencialidades humanas, como o desemprego, o subemprego, a discriminação, o preconceito e a violência. É tempo de barbárie.

É exatamente por esse entendimento que, inspiradas/os na direção social do nosso projeto ético-político profissional, a qual de forma "impenitente" vem sendo afirmada, construída e fortalecida por tantas gerações de profissionais e estudantes, que sinalizamos para a imprescindibilidade de disseminar uma cultura crítica da liberdade, da democracia e dos direitos humanos, diferenciando-as da abordagem liberal-burguesa.

Nessa perspectiva, alguém poderia indagar: qual a relevância de uma publicação que se propõe a comentar o Código de Ética de 1993?

O debate sobre a ética se fortalece em uma perspectiva crítica, no Serviço Social brasileiro, mediante a aprovação do Código de Ética de 1986, que no campo ético materializou a "virada" do Serviço Social e que, portanto, significou uma importante ruptura com as perspectivas éticas conservadoras que fundamentavam os Códigos de 1947, 1965 e 1975, notadamente a concepção neotomista, inspirada numa perspectiva a-histórica, metafísica e idealista, com valores predominantemente abstratos, como o "bem comum", a "harmonia", além de uma pretensa defesa da neutralidade. Aliás, não é demais lembrar que, até 1975, o debate ético se fez inspirado numa perspectiva moralizadora da questão social.

No entanto, com a inserção do Serviço Social brasileiro nas lutas sociais, o debate ético-político se intensificou e constituiu-se o solo fértil para revisitação do Código de 1986 e aprovação do Código de 1993. Segmentos expressivos da categoria, juntamente com suas entidades nacionais, afirmaram-se como sujeitos políticos e coletivos e gestaram, na agenda política do Serviço Social brasileiro, amplas discussões e debates sobre os fundamentos do ser social na ordem sociometabólica do capital. E mais: se impõe na ordem do dia a necessária e estratégica relação entre projeto ético-político profissional, defesa, efetivação e ampliação de direitos e projeto de sociedade (CFESS, 2011a).

Dessa forma, é que "a opção por um projeto profissional vinculado ao processo de construção de uma nova ordem societária, sem dominação, exploração de classe, etnia e gênero" (CFESS, 2011) se afirma como um dos nossos mais ousados e posicionados compromissos ético-políticos. Assim, a relevância do *Código de Ética do/a Assistente Social comentado* consiste em explicitar e espraiar o compromisso ético-político profissional com a classe trabalhadora, por meio do aprimoramento da qualidade dos serviços prestados à população usuária. Trata-se de, apesar dos tempos sombrios, reconhecer o Código de Ética de 1993 como instrumento que possui uma dimensão jurídico-normativa, mas que pulsa, tem vida e é atual quando compreendemos que as normas, os direitos e os deveres nele inscritos são inspirados em uma concepção ética cujo fundamento é a ontologia do ser social. E mais: exige compreender os indivíduos sociais com os quais trabalhamos (quer população usuária, quer profissionais) em seus contextos sócio-históricos. Na verdade, se impõe como uma das condições determinantes para a garantia da qualidade dos serviços prestados à população usuária conhecermos as condições de vida e de trabalho dessa população, considerando suas necessidades concretas quanto à "inserção de classe social, gênero, etnia, religião, nacionalidade, orientação sexual, identidade de gênero, idade e condição física" (CFESS, 2011).

O *Código de Ética do/a Assistente Social comentado* vai contribuir certamente para fortalecer e espraiar o projeto ético-político do Serviço Social brasileiro no cotidiano profissional, uma vez que os princípios e valores nele inscritos, bem como os artigos decorrentes, nos exigem compreender que a ética não se reduz à disciplina de "Ética Profissional" no processo de formação, não se restringe à dimensão normativa do Código, mas exige reflexão e atitude críticas cotidianas sobre nosso agir pessoal e profissional à luz da liberdade, da democracia, da justiça social, da equidade, e da emancipação humana tecendo um campo de possibilidades que afirma e supera os direitos e deveres nele presentes. E é nesse sentido que se impõe a defesa intransigente do projeto profissional, de valores e ações emancipatórias na construção de uma outra sociabilidade.

É com base nesse entendimento que é importante ressaltar o papel do Conselho Federal de Serviço Social no âmbito da defesa e consolidação do nosso projeto ético-político profissional. O Código de Ética de 1993 é solo e horizonte para o desencadeamento de várias ações estratégicas que vêm sendo aperfeiçoadas ao longo das gestões do CFESS.

Um marco nesse sentido é o "Projeto Ética em Movimento",[1] que em 2011 completou 11 anos de incidência política para além do Conjunto CFESS/CRESS e por meio do "Curso Ética em Movimento" já

---

1. O Projeto Ética em Movimento foi apresentado e aprovado, em setembro, em Campo Grande/MS durante o XVIII Encontro Nacional CFESS/CRESS de 1999 e teve sua primeira edição desenvolvida pelo CFESS em articulação com o CRESS, ao longo da gestão "Brasil, mostra a tua cara!" (1999-2002), na perspectiva de explicitar ao máximo as possibilidades do Código de Ética como documento estratégico. O Projeto Ética em Movimento é constituído pelos seguintes eixos de atuação: *Capacitação; Denúncias; Visibilidade social da ética profissional; Fortalecimento da interlocução com organismos internacionais e nacionais de defesa dos direitos humanos e sociais; Divulgação e imprensa; Formação Ética do Assistente Social e de Encontros e Publicações.*

capacitou centenas de profissionais (conselheiros/as dos CRESS e do CFESS, agentes fiscais e assistentes sociais que compõem as comissões permanente e ampliada de ética e comissões de instrução e das demais comissões, assistentes sociais de base); também as Campanhas Nacionais[2] e a produção dos CFESS Manifesta em defesa dos direitos humanos que contribuíram e vêm contribuindo para, cada vez mais, oxigenar o debate em torno de uma outra sociabilidade sem exploração e opressão; bem como as resoluções que contribuem para a objetivação de princípios e valores inscritos no Código de Ética Profissional, pos-

---

2. Ganha relevo, a partir da gestão 2002-2005 do CFESS, a realização de campanhas nacionais com a finalidade de defesa do projeto ético-político profissional. Dessa forma, em 2005, durante a gestão "Trabalho, Direitos e Democracia — a gente faz um país" (2002-2005), o CFESS promoveu em parceria com: Fala Preta — Organização das Mulheres Negras, UERJ, UFRJ e o CRESS/RJ a Campanha Nacional de Combate ao Racismo intitulada: "O Serviço Social mudando o Rumo da História: reagir contra o racismo é lutar por direitos", com o apoio da Assessoria de Gênero e Etnia da Secretaria do Estado de São Paulo, do Conselho de Participação e Desenvolvimento da Comunidade Negra do Estado de São Paulo e da Fundação Ford. Seguindo essa trajetória, durante o 34° Encontro Nacional CFESS/CRESS (Manaus/AM, 2005) são aprovadas e deliberadas as Proposições n. 5 — "Dar continuidade às Campanhas Nacionais de Defesa dos Direitos Humanos, priorizando o combate à discriminação e preconceitos, respeitando a diversidade" — e n. 15 — "Realizar campanha nacional em defesa da liberdade de orientação sexual". E durante o 35° Encontro Nacional CFESS/CRESS (Vitória/ES, 2006) é realizado o lançamento da Campanha Nacional pela Livre Orientação e Expressão Sexual "O Amor fala todas as Línguas: Assistente Social na luta contra o preconceito". A campanha foi uma realização do CFESS, gestão "Defendendo Direitos, Radicalizando a Democracia" (2005-2008), em parceria com o DIVAS — Instituto em Defesa da Diversidade Afetivo-Sexual e com a colaboração da LBL — Liga Brasileira de Lésbicas; ABL — Articulação Brasileira de Lésbicas e a ABGLT — Associação Brasileira de Gays, Lésbicas e Transgêneros (ver a respeito: Conferências e Deliberações no 35° Encontro Nacional CFESS/CRESS/CFESS, Brasília, 2009). No 36° Encontro Nacional CFESS/CRESS propõe-se, no eixo ética e direitos humanos, a Proposição n. 12 — "Promover, a cada gestão, uma Campanha Nacional, de Defesa dos Direitos Humanos, em articulação com os movimentos de defesa de direitos humanos". Sugestão de tema: "Direitos Humanos, Trabalho e Riqueza no Brasil". Dessa forma, durante a gestão "Atitude Crítica para Avançar na Luta" (2008-2011) foi promovida e implementada a Campanha "Direitos Humanos, Trabalho e Riqueza no Brasil", denunciando a desigualdade que impera no Brasil e conclamando a todos/as para "Lutar por direitos, romper com a desigualdade". E a gestão atual "Tempo de Luta e Resistência" (2011-2014) assume como desafio para o triênio desenvolver campanha nacional cujo eixo seja "Combater a violência no enfrentamento da desigualdade social: toda violação de direitos é uma forma de violência", Proposição n. 31 do 39° Encontro Nacional CFESS/CRESS, realizado em Florianópolis/SC no período de 9 a 12 de setembro de 2010 (MESQUITA, Marylucia e MATOS, Maurílio Castro. *Em Pauta*, Rio de Janeiro, 2011).

sibilitando o reconhecimento da diversidade humana, a exemplo das Resoluções CFESS n. 489/2006 e CFESS n. 615/2011.[3]

Acreditamos que o livro *Código de Ética do/a Assistente Social comentado* vem adensar o Projeto Ética em Movimento à medida que, além do Conjunto CFESS-CRESS, alcançará profissionais, discentes e pesquisadores/as que tenham fome e sede em fertilizar ao máximo as potencialidades do Código de Ética como um instrumento estratégico, que possibilita explicitar as várias dimensões do projeto ético-político profissional e, portanto, como um "instrumento em defesa da ética, dos direitos e da emancipação humana" (CFESS, 2011a).

O livro está dividido em duas partes. A primeira, produzida pela professora Lúcia Barroco, reflete e problematiza o Código de 1993, tratando de suas materialidades e potencialidades numa perspectiva da ontologia do ser social.

A segunda, elaborada pela assessora jurídica do CFESS, Sylvia Terra, faz uma análise jurídico-normativa a partir de uma "perspectiva da crítica marxista", como ela mesma realça em seu texto, contribuindo para aproximar ainda mais a categoria das potencialidades desse instrumento estratégico.

Para concluir, é com muita felicidade e emoção que a gestão "Tempo de Luta e Resistência" (2011-2014) encerra um ciclo que se fez a partir da demanda de uma deliberação coletiva aprovada em nosso fórum máximo de discussão e deliberação, o Encontro Nacional CFESS/CRESS. Espaço democrático que constitui um patrimônio conquistado por várias gerações que partilham da direção hegemônica do projeto ético-político do Serviço Social brasileiro, desde os idos do final dos anos 1970. Muitos debates polêmicos ou não já transitaram e/ou transitam neste espaço legítimo de definição da agenda política do Serviço Social brasileiro.

---

3. A Resolução CFESS n. 489/2006 estabelece normas vedando condutas discriminatórias ou preconceituosas por orientação e expressão sexual por pessoas do mesmo sexo, no exercício profissional do assistente social, regulamentando princípio inscrito no Código de Ética Profissional. A Resolução CFESS n. 615/2011 dispõe sobre a inclusão e uso do nome social da assistente social travesti e do(a) assistente social transexual nos documentos de identidade profissional.

Vale realçar que a necessidade de elaborar uma edição comentada do Código de Ética compareceu como demanda apontada pela COFI/CFESS[4] em 2002 e foi aprovada como deliberação durante o 33º Encontro Nacional CFESS/CRESS realizado em 2004, em Curitiba/PR. Isso significa que sua publicação envolveu o esforço e o compromisso coletivo do Conselho Federal de Serviço Social, em especial das Comissões de Ética e Direitos Humanos (CEDH/CFESS) em quatro gestões, a saber: "Trabalho, Direitos e Democracia — A gente faz um país" (2002-2005);[5] "Defendendo Direitos, radicalizando a Democracia" (2005-2008);[6] "Atitude Crítica para avançar na Luta" (2008-2011)[7] e "Tempo de Luta e Resistência" (2011-2014).

Na verdade, esse esforço coletivo é expressão da maturidade teórico-ético-política de muitas gerações de profissionais, de diferentes sujeitos que tecem cotidianamente o Serviço Social brasileiro, nestes mais de 30 anos de construção de um projeto profissional inspirado e fundado no pensamento crítico.

Enfim, queremos agradecer as queridas autoras por terem aceitado o desafio de "comentar" e, na verdade, apontar reflexões críticas sobre o Código de Ética Profissional. À professora Maria Lúcia Barroco, uma das idealizadoras do Projeto Ética em Movimento, ex-conselheira do CFESS como coordenadora da CEDH (gestões 1996-1999 e 1999-2002) pela contribuição fundamental para a maioridade do debate da ética para o Serviço Social brasileiro. E à assessora jurídica do CFESS, que ao longo de mais de 21 anos vem contribuindo para o fortalecimento do

---

4. Na perspectiva de aprimorar a reflexão sobre o fazer profissional, na brochura *Atribuições privativas do(a) assistente social: em questão*, apontou-se como um dos três eixos para explicitar os artigos da Lei n. 8.662/93 "[...] ii) necessidade de esclarecimentos sobre o que está regulamentado, remetendo, pois, às dúvidas jurídicas, que podem ser resolvidos com comentários à lei e ao código" (CFESS, 2002).

5. CEDH: Marlise Vinagre (coordenadora), Ana Cristina Muricy de Abreu, Déborah Cristina Amorim, Jacqueline Rosa Pereira, Marcia Izabel Godoy Marks, Ruth Ribeiro Bittencourt e Verônica Pereira Gomes.

6. CEDH: Silvana Mara de M. Santos (coordenadora), Ana Cristina Muricy de Abreu, Eutália Barbosa Rodrigues, Maria Helena de Souza Tavares e Tânia Maria Ramos de Godói Diniz.

7. CEDH: Silvana Mara M. dos Santos (coordenadora), Kátia Regina Madeira, Maria Elisa dos Santos Braga e Marylucia Mesquita.

projeto ético-político profissional por meio de suas produções jurídico-normativas, numa perspectiva crítica e de totalidade.

Da mesma forma, queremos agradecer a companheira, ex-conselheira do CFESS como coordenadora da CEDH (gestões 2005-2008 e 2008-2011) e membro do GTP de Ética e Direitos Humanos da ABEPSS, professora Silvana Mara de Morais dos Santos, pela elaboração do prefácio, que, além de sintetizar o debate da ética, historicamente, no Serviço Social realça várias potencialidades do Código de Ética Profissional de forma densa e poética, como suas demais produções.

Manifestamos nossa gratidão também à companheira, professora, ex-conselheira do CFESS (gestões 1990-1993 e 2002-2005) e que possui uma representatividade histórica especial — pois presidia o CFESS quando da aprovação do Código de Ética de 1993, compondo, inclusive, a Comissão Técnica Nacional de Reformulação do Código de Ética Profissional do(a) Assistente Social e membro do GTP de Ética e Direitos Humanos da ABEPSS — Marlise Vinagre, pela orelha inspirada que nos mobiliza a mergulhar no livro.

Agradecemos à Cortez Editora, em especial a assessoria editorial — e também ex-conselheira do CFESS por duas gestões (2002-2005 e 2005-2008), tendo sido presidente na última gestão — Elisabete Borgianni, que intermediou a possibilidade de publicação junto a esta editora com muito zelo e dedicação, acompanhando o passo a passo da elaboração deste livro.

Por fim, que esta publicação se constitua em mais um instrumento para a materialização da ética na vida social e profissional na perspectiva da igualdade e liberdade substantivas e da emancipação humana, porque o novo tempo histórico exige que ultrapassemos as cercas que nos aprisionam no aqui e agora. E em articulação com outros sujeitos coletivos que compartilham dos princípios e valores inscritos no CEP de 1993 possamos decifrar as possibilidades de uma outra sociabilidade para além do capital que estão inscritas na vida real.

Conselho Federal de Serviço Social (CFESS)
Gestão Tempo de Luta e Resistência (2011-2014)

PARTE I

Materialidade e potencialidades do Código de Ética dos Assistentes Sociais brasileiros

Para Dilséa Bonetti,
com amor e respeito.

Introdução

O Código de Ética do assistente social (CE) comemorou 18 anos em 2011. Sua história é perpassada por um fenômeno que tem se intensificado na sociedade brasileira nos últimos anos: a popularização do discurso ético e seu uso ideológico para legitimar práticas antiéticas. Da economia à política, da vida cultural à cotidianidade, os apelos à "ética" crescem na medida em que se aprofundam a miséria e a corrupção na sociedade brasileira.

A utilização ideológica do discurso ético não conduz apenas à desvalorização social da ética; possibilita também a reiteração de certa forma típica de pensar da ideologia dominante que alimenta o senso comum: a noção de que os valores são abstratos, constituídos por ideais irrealizáveis historicamente. Apreendida desse modo, a ética se reproduz como um "conceito" abstraído da história, que atribui valor a diferentes discursos e sujeitos políticos, contribuindo para o ocultamento do significado histórico dos valores e para a desvalorização do potencial emancipatório da práxis ético-política.

Contudo, a presença dos valores na vida social é um fato ontológico inegável. A vida cotidiana é permeada por demandas de caráter ético-moral: todas as ações práticas, desde a sua projeção ideal até o seu resultado objetivo, são mediadas por diferentes valores;[1] entre

---

1. "Quando afirmo ou nego, convido, proíbo ou aconselho, amo ou odeio, desejo ou abomino, quando quero obter ou evitar alguma coisa, quando rio, choro, trabalho, descanso,

eles, os que respondem a exigências de caráter ético-moral (Heller, 1977, 1972).

Essa compreensão é especialmente relevante quando se discute a ética profissional com base nas referências teórico-filosóficas que alimentaram o seu processo de ruptura com o conservadorismo, a partir do CE de 1986: a teoria social de Marx e sua herança, com destaque para o pensamento do filósofo Georg Lukács, que passou a influenciar o Serviço Social nos anos 1990, se expressando no CE de 1993.

Nas considerações de Nicolas Tertulian, para Georg Lukács, os indivíduos não são exemplares mudos do gênero ao qual pertencem (como ocorre com as espécies animais): os indivíduos participam, por suas ações, do destino de toda a humanidade, revelando, com isso, a tensão existente entre o gênero e a singularidade humana:

> Os indivíduos singulares não vivem em um isolamento autárquico; suas ações repercutem sobre a vida dos demais. Portanto, ao menos potencialmente, elas afetam a sociedade inteira e, no limite, o próprio destino do gênero humano. A tensão perpétua entre os dois polos da sociabilidade, o gênero enquanto síntese e totalização das ações e aspirações dos indivíduos tomados em sua singularidade atravessam, segundo Lukács, a história humana. (Tertulian, 1999, p. 136)

Com base nesses pressupostos, afirmo que as ações cotidianas dos assistentes sociais[2] produzem um resultado concreto que afeta a vida dos usuários e interfere potencialmente na sociedade e que nessas ações

---

julgo ou tenho remorsos, sou sempre guiado por alguma categoria orientadora de valor, frequentemente mais de uma." (Heller, 1972, p. 58)

2. A partir do 39º Encontro Nacional CFESS/CRESS, realizado em 2010, foram adotadas mudanças no Código de Ética (Resolução n. 594) relativas às novas regras ortográficas e ao reconhecimento da linguagem de gênero, ocorrendo a substituição dos termos: "opção sexual" por "orientação sexual" e "gênero" por "identidade de gênero", assim como a adoção da forma feminina e masculina o/a; as/os, no texto do Código. Concordo plenamente com essas alterações, que expressam a incorporação dos avanços das lutas por direitos da população LGBT. Mas não creio que na feitura de um livro a melhor solução para enfrentar a linguagem cultural sexista dominantemente "masculina" que define as categorias homem, ser humano etc., seja a de adotar a forma masculina e feminina o/a, os/as. Por isso estou desconsiderando essa alteração específica, levando em conta as demais.

se inscrevem valores e finalidades de caráter ético. É verdade que essa interferência ocorre independente da consciência individual dos profissionais. Além disso, não existe garantia de que o produto de uma ação conscientemente planejada será objetivado na direção proposta. No entanto, isso não anula o papel ativo da consciência nas ações práticas; portanto pode-se afirmar que o conhecimento crítico ou a falta dele e o comprometimento político ou a sua ausência podem ampliar ou limitar a materialização da ética profissional, no âmbito de suas possibilidades históricas.

Minha experiência docente tem propiciado o conhecimento de demandas éticas que permeiam o trabalho profissional nas instituições e na formação acadêmica. Algumas questões são recorrentes nos Cursos de Ética Profissional ou em palestras dirigidas a profissionais e alunos de Serviço Social. Por um lado, existem dificuldades de relacionar o CE com a empiria do cotidiano — independente do fato de haver concordância com seus valores e princípios; por outro, afirma-se que os valores são irrealizáveis. De fato, oculta nessa antiga "tese" de que "teoria não se viabiliza na prática", encontra-se uma concepção idealista que opera intelectualmente com ideias e valores absolutos: a mesma que fundamenta a visão ética abstrata.

Nos últimos anos, os debates sobre o exercício profissional têm revelado o rebatimento moral da barbárie social nas instituições: diversas formas de desumanização reiteram o autoritarismo, as discriminações, a coisificação das relações humanas no enfrentamento da *questão social* a partir da lógica neoliberal.

Diante de situações-limite e das demandas institucionais que exigem respostas profissionais imediatas e fragmentadas, desvelam-se diferentes fragilidades que contribuem para limitar a viabilização de estratégias coletivas de enfrentamento ético-político, entre elas, a frágil capacidade teórica de apreensão crítica da realidade social, aprofundada nas últimas décadas pela proliferação aleatória de cursos de Serviço Social.

Assistentes sociais entrevistados em estudos e pesquisas revelam dados significativos acerca do CE. A pesquisa realizada por Vasconcelos

(2002) com profissionais da área de saúde mostrou que muitos assistentes sociais não conhecem o atual CE, em vigor há quase duas décadas. Em sua prática se orientam por diversos referenciais, buscados em sua visão de mundo, em valores pessoais e/ou pressupostos dos códigos anteriores a 1986: códigos que já foram superados exatamente por não atenderem às exigências históricas do presente. De formas variadas e por várias razões o CE não é materializado.

Entretanto, em oposição a esse movimento da realidade, o CE atual tem se evidenciado como um dos mais legitimados na trajetória da profissão no Brasil. De fato, a partir de 1990, esse reconhecimento extrapolou o CE, manifestando um amadurecimento da categoria, seja pelo desenvolvimento inédito de uma produção ética específica, pela criação de núcleos de pesquisa voltados à investigação da ética e dos direitos humanos, pela ampliação de debate, seja pelo desenvolvimento de estratégias de capacitação ética em sua articulação com a política (Barroco, 2004). Nesse sentido, como dimensão da profissão, a ética profissional deve ser situada historicamente no interior de um campo das possibilidades e limites postos pela conjuntura que — a partir dos anos 1990 — tanto favoreceu o seu enriquecimento como a sua alienação.

Partindo do suposto de que a intervenção profissional é mediada por valores produzindo um resultado objetivo que pode tomar diferentes direções — independente do fato de julgar-se que tal valor é viável ou não —, colocam-se as seguintes questões:

- O que estaria impedindo os profissionais de viabilizarem o CE? Se o trabalho profissional é perpassado por situações que exigem posicionamentos de valor e se os valores do CE não são materializados, quais valores estão sendo objetivados?

Essas questões que parecem simples e óbvias contêm um dos eixos mais importantes da reflexão ética profissional. Em geral, *o discurso que aponta dificuldades em relação à viabilização dos valores do CE ignora que a não materialização desses valores não significa a não materialização de outros valores que, de fato, são objetivados nas ações profissionais, de forma consciente ou não.*

O CE é um instrumento educativo e orientador do comportamento ético profissional do assistente social: representa a autoconsciência ético-política da categoria profissional em dado momento histórico. Assim, é mais do que um conjunto de normas, deveres e proibições; é parte da ética profissional: *ação prática mediada por valores que visa interferir na realidade, na direção da sua realização objetiva, produzindo um resultado concreto.*

Nesse texto, busco atender às demandas práticas dos assistentes sociais, oferecendo-lhes fundamentação e buscando traduzir a materialidade do CE. Pautada na concepção ética e nos pressupostos ontológicos que fundamentam as prescrições do CE, analiso o *dever ser* profissional assim como o que *não deve ser.* Meu objetivo é interferir no fortalecimento das ações profissionais, para que elas sejam conscientemente dirigidas aos pressupostos e valores propostos pelo CE, entendendo que elas podem se materializar a partir de certas condições, mesmo que limitadas historicamente.

Refletir criticamente sobre as possibilidades de viabilização do CE é uma necessidade que remete ao fortalecimento do projeto ético-político profissional e ao compromisso profissional com os usuários dos serviços sociais: os trabalhadores e grupos sociais subalternos. Materializá-lo é um desafio a ser enfrentado nessa conjuntura histórica adversa ao pensamento crítico e à realização de seus pressupostos ético-políticos.

Se o cenário onde o CE de 1993 foi aprovado já revelava as consequências trazidas pelas profundas transformações do capitalismo mundial e pelas políticas neoliberais para o conjunto dos trabalhadores — o desemprego em massa, a perda de direitos e sua desmobilização política —, essa conjuntura só se agravou nas últimas décadas (Iamamoto, 2007; Chesnais, 2011).

O processo de mundialização do capital em curso tem aprofundado de forma inédita a desigualdade social e a degradação das condições de vida dos trabalhadores; tem "globalizado" a destruição da vida humana e da natureza, o que, evidentemente, atinge a viabilização dos direitos, colocando-nos em alerta, como coletivo profissional e sujeitos políticos (Ianni, 2004).

A compreensão dos limites e das possibilidades da ética profissional demanda uma reflexão fundamentada e politicamente engajada. O conhecimento e a aceitação do CE não garantem — por si só — a objetivação da ética profissional, pois ela decorre de uma série de condicionantes profissionais e conjunturais que extrapolam o Código e a intenção dos agentes, tomados individualmente. Nesse conjunto, o CE é um elemento importante; um dos suportes teórico-práticos que alicerçam a ética profissional, que propiciam a materialização dos direitos da classe trabalhadora, dos grupos e sujeitos socialmente subalternizados na direção ético-política das conquistas do projeto ético-político.

As considerações e a análise aqui contidas são de minha inteira responsabilidade; representam a minha interpretação do CE e a minha visão da ética profissional, o que não se separa da minha participação na trajetória de construção do projeto ético-político profissional e de minhas convicções teóricas e políticas.

A elaboração deste texto contou com o conhecimento acumulado de várias fontes e espaços de discussão da ética profissional: palestras, assessorias, cursos de capacitação,[3] com destaque para as atividades desenvolvidas desde 1997 no Programa de Estudos Pós-Graduados em Serviço Social da PUC-SP, especialmente o curso regular de Ética e Serviço Social e o Núcleo de Estudos e Pesquisa em Ética e Direitos Humanos (NEPEDH).

Um grupo de assistentes sociais foi especial nesse sentido: o *Grupo de Reflexão sobre Ética e Trabalho Profissional*, que coordenei em conjunto com Cristina Maria Brites, em 2004, no interior do NEPEDH, compos-

---

3. Especialmente o curso "Ética em Movimento: Curso de Capacitação Ética para Agentes Multiplicadores", promovido anualmente pelo CFESS, desde 2000, ministrado em conjunto com Cristina Brites, Marlise Vinagre e Sylvia Helena Terra. Contando com a presença de profissionais de todas as regiões do país, esse curso tem sido um espaço enriquecedor de aprendizado das demandas éticas do trabalho profissional.

to por: Catarina Volic, Fausta Ornellas, Leni Ribeiro, Maria de Lourdes Boher, Maria Natália Ornellas, Marcos Veltri e Maurílio Mattos. As discussões éticas, orientadas pelo relato das experiências desses profissionais compromissados ética e politicamente, iluminaram minha reflexão, reforçando a convicção de que as adversidades e contradições do trabalho social podem ser enfrentadas com competência técnica/teórica e responsabilidade ético-política.

1

Ética, história e projetos profissionais

1.1 Gênese de uma nova ética profissional

A compreensão do significado histórico do CE de 1993 implica o resgate do processo que permitiu sua afirmação, isto é, das possibilidades históricas de ruptura com o conservadorismo ético-político do Serviço Social. Nesse caso, sua existência é inseparável da ruptura ética realizada pelo Código de 1986 no interior do processo de construção do Projeto Ético-Político (PEP). Para entendê-lo indicarei as principais determinações históricas que promoveram a *erosão* do Serviço Social tradicional e sua *renovação* (Netto, 1991), apresentando, a seguir, os fundamentos dos Códigos de Ética anteriores ao de 1986.

As condições que propiciaram o processo de renovação da profissão no Brasil, na década de 1960, foram gestadas desde os anos 1950, no interior de uma crise do próprio padrão de desenvolvimento capitalista e de um processo de erosão das bases de legitimação do tradicionalismo profissional que atingiu proporções internacionais na década de 1960 (Netto, 1991, p. 142). Contribuíram para tal inúmeros fatores situados na conjuntura socioeconômica e político-cultural mundial e em suas particularidades, na América Latina e no Brasil.

A erosão do Serviço Social tradicional na América Latina se desenvolveu no contexto de crise do padrão de desenvolvimento capitalista do pós-guerra (Netto, 1991), de agravamento das desigualdades, de acirramento das lutas sociais e de mobilização das classes subalternas. Essas, apoiadas pelo "movimento cristão de libertação"[1] e influenciadas pela Revolução Cubana, instauraram uma dinâmica sociopolítica potencializadora de lutas anti-imperialistas, anticapitalistas e de libertação nacional (Faleiros, 1987, p. 51).

Nessa dinâmica, mundialmente, os anos 1960 assinalaram inúmeras manifestações de protestos direcionados a diferentes níveis de reivindicação político-econômica e ideocultural, instituindo um clima cultural favorável ao questionamento de valores tradicionais. Destacou-se, nesse cenário, o protagonismo social dos jovens e das mulheres, proporcionado pela ampliação das bases sociais de sua emancipação: a educação e o trabalho. O crescimento das ocupações que exigiam grau universitário permitiu a expansão do acesso à universidade, propiciando a politização das mulheres e dos jovens, sua mobilização coletiva e principalmente o seu questionamento em relação a valores familiares e sociais (Hobsbawm, 1995, p. 293-296).

Segundo Hobsbawm, a inserção das mulheres na educação superior e das mulheres casadas no mercado de trabalho, articulada ao reflorescimento dos movimentos feministas dos anos 1960, significou um fenômeno revolucionário com inúmeros desdobramentos éticos, políticos e culturais:

> [...] O que mudou na revolução social não foi apenas a natureza das atividades da mulher na sociedade, mas também os papéis desempenhados por elas ou as expectativas convencionais do que devem ser esses papéis,

---

1. "A crise social dos anos 1950 propiciou mudanças internas da Igreja Católica Latino-Americana constituindo diversos movimentos de ação política junto às lutas populares, incorporados por leigos, oriundos da juventude estudantil católica e das classes trabalhadoras, rurais e urbanas e como a Juventude Universitária Católica (JUC), a Juventude Operária Católica, a Ação Católica, os movimentos de Educação de Base (Brasil) ou de Promoção Agrária (Nicarágua), as Federações dos Camponeses Cristãos (El Salvador) e, sobretudo, as comunidades de base." (Löwy, 1991, p. 35)

e em particular as suposições sobre os papéis públicos das mulheres, e sua proeminência pública [...] São inegáveis os sinais de mudanças significativas, e até mesmo revolucionárias, nas expectativas das mulheres sobre elas mesmas, e nas expectativas do mundo sobre o lugar delas na sociedade. (Hobsbawm, 1995, p. 294)

As profissões não poderiam ficar imunes a essa efervescência aqui apenas sinalizada. Na América Latina, no interior das determinações já assinaladas, surgiu, em 1965, o *Movimento de Reconceituação Latino-Americano*: movimento com várias correntes e perspectivas teóricas que põe em questão o Serviço Social tradicional. Suas vertentes mais críticas desvelaram o papel político da profissão e questionaram os referenciais a-históricos e acríticos que a influenciaram — sua pretensa "neutralidade" política e seu conservadorismo —, reclamando uma intervenção comprometida com as classes subalternas.

As particularidades da renovação do Serviço Social brasileiro foram instituídas por sua ocorrência interior na autocracia burguesa (Netto, 1991). Como Netto explica (1991, p. 137), embora a ditadura tenha reforçado e validado o Serviço Social tradicional, sua dinâmica direcionou contraditoriamente o processo de erosão do Serviço Social tradicional às possibilidades que a transcenderam.

Segundo Netto (1991, p. 135-136), a renovação do Serviço Social brasileiro demandou a laicização da profissão; instaurou um pluralismo teórico, político e ideológico, rompendo com a visão monolítica vigente até os anos 1960; permitiu a interlocução da profissão com o debate e a produção das ciências sociais, inserindo a profissão como protagonista no âmbito da cultura acadêmica, e possibilitou — entre as suas tendências, a constituição de uma vertente de "intenção de ruptura" com o tradicionalismo profissional.

No Brasil, o questionamento da ética tradicional não foi objeto de todas as vertentes que emergiram desse processo, visto que ele só se expressou em 1986 na reformulação do CE, impulsionado pela corrente que se propôs a romper com o tradicionalismo do Serviço Social e que aqui tratamos como tendência de ruptura com o conservadorismo.

Portanto, a partir dos elementos destacados, pode-se concluir que a busca de ruptura com o conservadorismo profissional é produto histórico de uma prática social coletiva construída historicamente a partir de inúmeras determinações que não se esgotam no CE; que essas percorrem um processo desencadeado desde os anos 1950, impulsionado pela erosão das bases do tradicionalismo profissional e pela renovação da profissão nos marcos da crise do capitalismo pós-guerra, pela eclosão de movimentos revolucionários e contestatórios, em nível mundial e latino-americano, e no Brasil, no âmbito da autocracia burguesa, na década de 1960.

Esse processo favoreceu o surgimento de um pluralismo profissional, no interior do qual surgiu a possibilidade de questionamentos em relação ao Serviço Social tradicional. Para isso, foi fundamental a politização de setores profissionais, seja por sua vinculação com os movimentos populares seja sua participação cívica e política no período que antecede o golpe militar no Brasil, em 1964, na resistência à ditadura e no contexto de redemocratização da sociedade, nos anos 1980. Também contribuiu, para o acúmulo teórico, a permanência de setores profissionais na universidade durante a ditadura, em projetos de pesquisa de caráter crítico, a exemplo da experiência realizada em Belo Horizonte, no Estado de Minas Gerais, conhecida como Método BH.

Assim, a construção de uma nova ética profissional foi gerada no interior da vertente que surgiu e amadureceu a partir de condições históricas que permitiram a negação e a busca de ruptura com o conservadorismo profissional: a vertente que deu origem ao projeto de ruptura que hoje denominamos projeto ético-político (Netto, 1999; Braz, 2005). Não existe uma nova ética apartada desse projeto: ela é parte orgânica dessa construção.

O PEP emergiu de forma organizada na década de 1980, no contexto de redemocratização da sociedade brasileira, de reorganização política dos movimentos sociais, partidos e entidades dos trabalhadores e de organização político-sindical da categoria profissional (Abramides; Cabral, 1995), contando com a participação de setores profissionais vinculados a diferentes partidos políticos de esquerda e movimentos democrático-populares, com diversas referências teóricas e políticas, especialmente as apoiadas na tradição marxista e as vinculadas ao pensamento católico progressista, oriundo de correntes da Teologia da Libertação.

O PEP exigiu uma nova postura ética, novos valores e referenciais teóricos e a reformulação das principais referências para a formação profissional e para a fiscalização do exercício profissional: as disciplinas de Ética e de Fundamentos Filosóficos dos currículos de Serviço Social, o CE e a Lei de Regulamentação da Profissão. Principalmente, fez-se necessária a sistematização teórica de uma ética profissional fundada na teoria social que influenciou fortemente o PEP em sua origem: a teoria social de Marx.

Quero dizer que uma ética profissional demanda posicionamentos orientados por valores e por referenciais teóricos e que ela se viabiliza especialmente na formação e no exercício profissional, nas ações políticas da categoria e em sua compreensão teórica. Pode-se afirmar que a partir dos anos 1950 foram dadas as bases históricas para a gestação de uma nova ética profissional que amadureceu na década de 1980 em face de condições sociais favoráveis e se objetivou nos anos 1990, teoricamente consolidada e ampliando o seu campo de intervenção prática.

O novo *ethos* profissional já compareceu nos pressupostos do Método BH, em 1975, mas sua materialização mais significativa foi explicitada no posicionamento político das forças de oposição à direção do III Congresso Brasileiro de Assistentes Sociais (CBAS) — o chamado Congresso da "Virada",[2] em 1979. Na década de 1980,

---

2. No chamado Congresso da "Virada", a Comissão de Honra do Congresso, composta por representantes oficiais do governo militar, foi destituída e substituída por representantes dos trabalhadores. O posicionamento político do III CBAS desdobrou-se em um processo de articulação nacional das entidades sindicais (inicialmente Ceneas — Comissão Executiva Nacional de Entidades Sindicais de Assistentes Sociais e mais tarde ANAS — Associação Nacional de Assistentes Sociais) e na crescente democratização das entidades da categoria (ABESS, atualmente ABEPSS — Associação Brasileira de Ensino e Pesquisa em Serviço Social, CFAS, atualmente CFESS — Conselho Federal de Serviço Social e CRAS, atualmente CRESS — Conselho Regional de Serviço Social). Consultar Abramides; Cabral (1995).

esse *ethos* se expressou na direção social do novo currículo de Serviço Social — reformulado em 1982-1983 —, na crítica às bases filosóficas do conservadorismo (Iamamoto e Carvalho, 1983; Aguiar, 1984; Tonet, 1984; Faleiros, 1981) e, finalmente, em 1986, na reformulação do CE.

1.2 Fundamentos e valores dos Códigos de Ética (1947-1975)

Para compreender a ruptura efetuada pelos Códigos de Ética a partir de 1986 é fundamental apreender os fundamentos éticos e filosóficos dos Códigos anteriores, que datam de 1947,[3] 1965 e 1975. Até a reformulação de 1986, os Códigos se apoiaram nos pressupostos do neotomismo[4] e do positivismo, com uma pequena alteração no CE de 1975, que incluiu uma referência ao personalismo, mantendo as demais referências tradicionais, e acentuou a herança conservadora do Serviço Social. O neotomismo — base da *Doutrina Social da Igreja Católica* — influenciou o Serviço Social desde a sua origem, seja na formação profissional, nas disciplinas de Filosofia e Ética, em sua fundamentação filosófica e valorativa tal como aparece nos Códigos de Ética, seja em outros documentos que marcaram posicionamentos éticos da profissão, por exemplo, o *Documento de Araxá*, de 1967.[5]

Oriundos de um pensamento filosófico de bases teológicas, os fundamentos e os valores afirmados pelo neotomismo só têm sentido no interior de uma lógica que supõe a aceitação de determinados

---

3. O primeiro Código de Ética Profissional do Assistente Social foi elaborado pela ABAS (Associação Brasileira de Assistentes Sociais). A profissão foi regulamentada em 1962, quando foram criados os Conselhos Federal e Regionais de assistentes sociais (CFAS/CRAS). Com a reformulação do Código de Ética, em 1965, e sua aprovação pelo CFAS, o Código adquiriu caráter legal.

4. O neotomismo é a retomada, nos séculos XIX e XX, da filosofia de Tomás de Aquino, teólogo do século XII, que construiu sua filosofia baseada nos princípios da teologia e nos fundamentos da filosofia de Aristóteles.

5. Sobre a discussão do neotomismo no Serviço Social ver Aguiar (1984) e Barroco (2011b). Sobre a crítica dos fundamentos filosóficos do idealismo e do positivismo no Serviço Social, consultar Tonet (1984).

princípios absolutos: a existência de Deus, de uma essência humana predeterminada à história e de uma ordem universal eterna e imutável, cuja ordenação e hierarquia se reproduzem socialmente nas diferentes funções exercidas por cada ser, em relação à sua natureza e às suas potencialidades.

Na medida em que os valores e princípios afirmados por esse pensamento partem de princípios metafísicos, seus fundamentos são a-históricos: a subordinação do homem, da ética e dos valores às leis divinas leva a uma concepção essencialista, ou seja, que concebe a existência de uma essência humana transcendente à história, doadora de valores a todos os seres humanos.

Nesse contexto, os valores adquirem um conteúdo universal abstrato: pertencem à natureza humana que emana de Deus. Assim, valores como *pessoa humana, bem comum, perfectibilidade, autodeterminação da pessoa humana, justiça social* são abstraídos de suas particularidades e determinações históricas, tornando-se referência para uma concepção de humano genérico que não se articula com o indivíduo social, em sua concretude histórica.

Despojados dessa vinculação, os valores só podem habitar uma sociedade onde as contradições, a luta de classes e os conflitos não sejam entendidos como parte constitutiva dela. Ou seja, somente a idealização de uma sociedade harmônica pode conviver com a idealização de valores que se referem a todos os homens, sem distinção, como se não houvesse divergências na objetivação do "bem comum", da "justiça social" etc.

Entende-se porque no Serviço Social tradicional os pressupostos do neotomismo podem coexistir com o positivismo e o funcionalismo, oferecendo suporte para a afirmação de uma ética profissional aparentemente "neutra". Partindo do entendimento de que as contradições derivadas da desigualdade e da luta de classes são "disfunções", concebendo as expressões da questão social como "desvios" de conduta moral, o Serviço Social tradicional dirigia a sua ação para a sua "correção", objetivando idealmente o bem comum e a justiça, como podemos verificar nos Códigos de 1947, 1965 e 1975:

O Serviço Social [...] trata com pessoas humanas desajustadas ou empenhadas no desenvolvimento da própria personalidade. (ABAS, 1947, p. 1)
O assistente social estimulará a participação individual, grupal e comunitária no processo de desenvolvimento, propugnando pela correção dos desníveis sociais. (CFAS, 1965, p. 12)
O assistente social deve: Participar de programas nacionais e internacionais destinados à elevação das condições de vida e correção dos desníveis sociais. (CFAS, 1975, p. 11)

As pequenas diferenças entre os três Códigos anteriores a 1986 decorreram de mudanças realizadas na trajetória da profissão. O primeiro Código (1947) — expressando a estreita vinculação do Serviço Social com a doutrina social da Igreja Católica — era extremamente doutrinário e subordinado aos dogmas religiosos. O segundo (1965) — revelando traços da renovação profissional no contexto da modernização conservadora posta pela autocracia burguesa (Netto, 1991) — introduziu alguns valores liberais, sem romper com a base filosófica neotomista e funcionalista. O terceiro (1975) suprimiu as referências democrático-liberais do Código anterior, configurando-se como uma das expressões de *reatualização do conservadorismo* profissional (Netto, 1991) no contexto de oposição e luta entre projetos profissionais que antecederam o III CBAS de 1979.

O CE de 1965 introduziu a consideração do assistente social como profissional liberal, inseriu os princípios do pluralismo, da democracia e da justiça, numa concepção liberal:

O assistente social, profissional liberal, tecnicamente independente na execução de seu trabalho, se obriga a prestar contas e seguir diretrizes emanadas de seu chefe hierárquico, observando as normas administrativas da entidade que o emprega. (CFAS, 1965, p. 11)
No exercício de sua profissão, o assistente social tem o dever de respeitar as posições filosóficas, políticas e religiosas daqueles a quem se destinam a sua atividade, prestando-lhes os serviços que lhe são devidos, tendo-se em vista o princípio de autodeterminação. (CFAS, 1965, p. 11)

> O assistente social deve colaborar com os poderes públicos na preservação do bem comum e dos direitos individuais, dentro dos princípios democráticos, lutando inclusive para o estabelecimento de uma ordem social justa. (CFAS, 1965, p. 15)

O CE de 1975 retirou esses pressupostos e eliminou o dever relativo ao pluralismo. Vejamos como ficaram os demais deveres:

> O assistente social deve respeitar a política administrativa da instituição empregadora. (CFAS, 1975, p. 14)
>
> Exigências do *bem comum* legitimam, com efeito, a ação disciplinadora do Estado — formas de vinculação do homem à ordem social, expressões concretas de participação efetiva na vida da sociedade. (CFAS, 1975, p. 7)

Esses exemplos demonstram porque é falsa a ideia de "imparcialidade" defendida em todos os Códigos anteriores a 1986. Embora os CE se apoiassem numa concepção que genericamente se referia a todos os humanos sem distinção, seu desdobramento torna-se explícito quando situava o posicionamento político do assistente social em relação ao que se considerava valoroso, positivo ou negativo do ponto de vista dos valores e da sociedade.

Com efeito, como se vê nos exemplos, apesar de clamar pelo "bem comum", o Código de 1975 exigia "a ação disciplinadora do Estado, conferindo-lhe o direito de dispor sobre as atividades profissionais", no contexto da ditadura militar no Brasil.

Assim, é preciso indagar sobre o significado dos valores no interior dos discursos e das elaborações teóricas. O que é o bem comum? Sem o desvelamento da direção social e dos pressupostos teóricos que lhe dão significado e fundamentação, esse termo se torna uma abstração sem conteúdo histórico.

A pretensa neutralidade ético-política dos Códigos anteriores a 1986 também transparecia na relação com os usuários. O compromisso com a devolução das informações colhidas nos estudos envolvendo os usuários, com o acesso às suas informações institucionais, bem como à sua democratização, foi introduzido somente a partir das reformulações

CÓDIGO DE ÉTICA DO/A ASSISTENTE SOCIAL COMENTADO 47

de 1986 e 1993, não constando nenhuma referência quanto a isso em 1947 e 1965. Ao contrário, expressando o seu conservadorismo, o Código de 1975 incluiu o seguinte veto: "É vedado ao assistente social [...] Divulgar informações ou estudos da instituição" (CFAS, 1975, p. 14).

1.3 A ruptura com o conservadorismo ético: 1986

Foi fantástica a mudança operada em 1986; em primeiro lugar, o Código de 1986 descaracterizou a tendência legalista do Código anterior, politizando a sua natureza de documento construído coletivamente pela categoria por meio de suas entidades representativas:

> O presente Código de Ética Profissional do Serviço Social é resultado de um amplo processo de trabalho conjunto, desencadeado a partir de 1983. Em diferentes momentos deste processo, os Assistentes Sociais foram solicitados através do CFAS/CRAS e demais entidades de organização da categoria a dar contribuições e a participar de comissões, debates, assembleias, seminários e encontros regionais e nacionais. (CFAS, 1986, p. 7)

Ao mesmo tempo que se evidenciou como produto de um processo coletivo de deliberação, o Código de 1986 se colocou como parte de um projeto profissional, articulado a um projeto de sociedade:

> A sociedade brasileira no atual momento histórico impõe modificações profundas em todos os processos da vida material e espiritual. Nas lutas encaminhadas por diversas organizações nesse processo de transformação, um novo projeto de sociedade se esboça, se constrói e se difunde uma nova ideologia. (CFAS, 1986, p. 7)

Como decorrência dessa politização, a dimensão política da profissão foi explicitada de forma objetiva, como processo que exigia uma nova ética e um comprometimento com as necessidades e os interesses dos usuários do Serviço Social: a classe trabalhadora. Apoiando-se em uma visão histórica, buscada na tradição marxista, a nova ética se referia à superação do tratamento abstrato e a-histórico dos valores éticos:

> Inserido neste movimento, a categoria de Assistentes Sociais passa a exigir também uma nova ética que reflita uma vontade coletiva, superando a perspectiva a-histórica e acrítica, onde os valores são tidos como universais e acima dos interesses de classe. A nova ética é resultado da inserção da categoria nas lutas da classe trabalhadora e, consequentemente, de uma nova visão da sociedade brasileira. Neste sentido, a categoria, através de suas organizações, faz uma opção clara por uma prática profissional vinculada aos interesses desta classe. (CFAS, 1986, p. 7)

O conjunto das conquistas efetivadas no CE de 1986 pode assim ser resumido: o rompimento com a pretensa perspectiva "imparcial" dos Códigos anteriores; o desvelamento do caráter político da intervenção ética; a explicitação do caráter de classe dos usuários, antes dissolvidos no conceito abstrato de "pessoa humana"; a negação de valores a-históricos; a recusa do compromisso velado ou explícito com o poder instituído. A partir de 1986, o CE passa a se dirigir explicitamente ao compromisso profissional com a realização dos direitos e das necessidades dos usuários, entendidos em sua inserção de classe. Como se percebe, são conquistas políticas inestimáveis, sem as quais não seria possível alcançar o desenvolvimento verificado nos anos 1990.

A conjuntura de democratização da sociedade brasileira nos anos 1980 foi favorável a esse avanço, pois, como vimos, a mudança do CE ocorreu no contexto de reorganização política dos trabalhadores, dos movimentos sociais e da categoria profissional, propiciando a sua politização e seu amadurecimento teórico. Na década 1990, as condições históricas eram bem diferentes.

As profundas mudanças verificadas na dinâmica das sociedades capitalistas a partir dos anos 1970 — desde a crise do Estado de Bem-Estar Social às alterações no "mundo do trabalho" — já penetravam na sociedade brasileira por meio das políticas neoliberais, pondo em evidência a gradativa perda de direitos dos trabalhadores e sua desmobilização política. Agravado pela falência do chamado *socialismo real*, esse contexto propiciou o fortalecimento de análises irracionalistas e ideologicamente negadoras das conquistas históricas da tradição revolucionária e da razão dialética (Chesnais, 2011).

A reformulação do CE de 1993 ocorreu, portanto, em um cenário de enfrentamento do neoliberalismo, em meio ao surgimento da questão ética como tema de mobilização política da sociedade e de um longo processo de debates que revelou a disputa entre as tendências profissionais que, por um lado, buscavam preservar as conquistas objetivadas em 1986 e, por outro, pretendiam a sua regressão. Nesse contexto, as bases de sustentação ético-políticas do PEP passaram a se configurar como forças de resistência em face de um processo de degradação da vida humana e da natureza que iria se aprofundar nas décadas seguintes (Ianni, 2004; Iamamoto, 2007; Beinstein, 2011).

A emergência da questão ética na cena política brasileira, desencadeada pelo *impeachment* do presidente da República, impulsionou o debate ético na sociedade. Penetrando nos meios acadêmicos e no Serviço Social, proporcionou-lhe obter um avanço significativo em face da reflexão ética acumulada até 1986. São sinais desse avanço a constituição de uma produção ética crítica, especialmente a vinculada à tradição de Marx,[6] de divulgação nacional; o desencadeamento de um debate ético sistemático e de uma intervenção ético-política articulada à formação e ao exercício profissional.

O processo de debates que precedeu a aprovação do CE de 1993 foi educativo e politizador. Durante dois anos, entre 1991 e 1993, a categoria teve oportunidade de deliberar, em nível regional e nacional, a respeito da proposta apresentada pelo CFESS.[7] Os Seminários

---

6. Até os anos 1990, com exceção dos Códigos de Ética, praticamente inexistiu uma literatura específica sobre a ética profissional do Serviço Social. Até então, nos cursos de Serviço Social eram utilizados os livros de Kisnerman (1970) e Vázquez (1999): referências para uma discussão da ética produzida pelo Movimento de Reconceituação Latino-Americano e para a compreensão dos fundamentos de uma ética marxista. Nos anos 1990, recorre-se às fontes de Marx e a outros autores da tradição marxista que abordam a ética a partir dos pressupostos ontológicos da teoria social de Marx, especialmente George Lukács, Agnes Heller e Istvan Mészáros.

7. A Comissão Nacional de Reformulação do Código de Ética foi composta pela Comissão Técnica de Beatriz Augusto Paiva, José Paulo Netto, Marlise Vinagre, Maria Lucia S. Barroco e Mione A. Sales e pelas Assessorias Jurídica de Sylvia Helena Terra e Legislativa de Walter Bloíse.

Nacionais[8] constitutivos desse processo foram publicados em 1996, constituindo o primeiro documento histórico brasileiro produzido coletivamente a partir de uma reflexão ética histórica e crítica (Bonetti et al., 1996).

As discussões da década de 1990 colocaram o debate ético no interior dos eventos nacionais da categoria, tais como o VII Congresso Brasileiro de Assistentes Sociais (CBAS), em São Paulo, em 1992, que inaugurou o Painel Temático de Ética,[9] passando a incentivar a produção de uma reflexão ética sistemática, referendada em pensadores clássicos e contemporâneos, abrangendo diversos aspectos da profissão e dimensões da realidade e impulsionando a produção da pesquisa no campo da ética.

Na segunda metade da década de 1990, o debate dos Direitos Humanos (DH) colocou-se em evidência, tendo em vista o avanço do neoliberalismo, a regressão dos direitos conquistados historicamente pelos trabalhadores e a resistência das forças sociais progressistas à crescente destruição das condições de humanização da vida social e da natureza.

Essa demanda rebateu na produção teórica que vinha se acumulando no âmbito da ética, permitindo uma compreensão histórica dos DH, pautada em referenciais oriundos da tradição marxiana e marxista. Várias iniciativas expressaram essa compreensão: a Seção Temática de Ética dos CBAs passou a se constituir como espaço de debate e de apresentação de produções críticas acerca da Ética e dos DH; o Conjunto CFESS-CRESS ampliou a Comissão de Ética dos Conselhos, que, passando a se configurar como Comissão de Ética e DH,[10] instituiu

---

8. I Seminário Nacional, em agosto de 1991 e maio de 1992; II Seminário Nacional, em novembro de 1992; após encontros estaduais, o XXI Encontro Nacional CFESS/CRESS, em fevereiro de 1993, quando o Código é aprovado.

9. A partir do VII CBAS, em 1992, os trabalhos apresentados no Painel Temático de Ética sinalizaram uma mudança: não se restringiam ao debate do Código de Ética, abordando reflexões de fundamentação ética e filosófica; denúncias éticas em relação às condições de trabalho do assistente social; propostas de enfrentamento da questão ética no interior da formação profissional e do exercício da ética profissional, entre outras.

10. Essa foi a segunda modificação da Comissão de Ética nos anos 1990. A primeira ocorreu no início da década, desvinculando-a da Comissão de Fiscalização (Cofi), por entender que a

uma política nacional de DH, com diversas ações voltadas à sua defesa e implementação.

Diferentes iniciativas contribuíram para ampliar o conhecimento ético nos parâmetros do CE e do PEP, trazendo novas questões e desafios: cursos de capacitação,[11] palestras, oficinas, seminários promovidos pelas entidades da categoria e pelas universidades. No interior da formação profissional, a questão ética despontou como objeto de reflexão no processo de revisão das diretrizes curriculares, instituído pela ABEPSS em 1996, sendo definida pela entidade, em 2000, como um dos eixos de avaliação dos cursos de graduação, cujo resultado sinalizou a sua centralidade — como eixo do curso e "dimensão do agir profissional" que perpassa por "todo o currículo e não apenas na disciplina de ética" (ABEPSS, 2001, p. 216).[12]

É também a partir dos anos 1990 que a pesquisa em ética e DH começou a se espraiar na profissão, incentivando a criação de grupos de estudo e de núcleos de pesquisa nos cursos de graduação e de pós-graduação em Serviço Social voltados à investigação da ética e dos DH.[13]

---

questão ética é transversal a todas as questões tratadas pelas diversas Comissões, superando a visão ética legalista que historicamente restringia a ética ao Código de Ética e à fiscalização de sua implementação.

11. Destacam-se: o "Curso Ética em Movimento: Capacitação para Agentes Multiplicadores" (CFESS) e o "Programa de Capacitação Continuada para Assistentes Sociais" (CFESS/ABEPSS), que contempla abordagens éticas conectadas ao CE e ao PEP.

12. Nesse contexto, a disciplina Ética Profissional começa a receber demandas dos alunos de cursos de pós-graduação. Algumas universidades, como a PUC-SP, em seu Programa de Estudos Pós-Graduados em Serviço Social, passou a inserir essa disciplina em sua grade curricular a partir de 1997. Em outras unidades de ensino a disciplina, em geral, é ministrada como atividade complementar, não fazendo parte do currículo.

13. A exemplo, temos conhecimento dos seguintes grupos de estudo e núcleos de pesquisa: Núcleo de Estudos e Pesquisa em Ética e Direitos Humanos (NEPEDH/PUCSP), sob minha coordenação; Grupo de Estudos em Ética (GEPE/UFPE), coordenado pela professora Alexandra Mustafá; Grupo de Estudos e Pesquisa Trabalho, Ética e Direitos (UFRN), coordenado pela professora Silvana Mara de M. Santos; Grupo Ética, Direitos, Diversidade Humana e Serviço Social (UFRJ), coordenado pela professora Marlise Vinagre; Grupo Ética e Direitos Humanos: princípios norteadores para o exercício profissional do assistente social (UEL), coordenado pela professora Olegna Guedes. Na UERJ, existem pesquisas em ética, coordenadas pela professora

É evidente que esse avanço rebateu na qualificação do exercício profissional, a exemplo das inúmeras experiências relatadas nos Congressos Brasileiros (CBAS), nos Encontros de Pesquisa (ENPESS) e outros eventos nacionais e regionais.

As conquistas éticas de 1986 e 1993 pertencem, portanto, a um processo histórico movido em condições históricas mais ou menos favoráveis à negação do conservadorismo e à afirmação de valores emancipatórios, ora contando com uma base social mais ampla de sustentação, ora se mantendo na resistência política, em busca de estratégias de enfrentamento.

Valeria Forti, inseridas no Núcleo de Pesquisa Observatório do Trabalho no Brasil. Atualmente, com a criação dos Grupos Temáticos de Pesquisa (GTPs) pela ABEPSS, o GTP Ética e DH tem como um de seus objetivos mapear os pesquisadores e os Grupos/Núcleos de Pesquisa existentes nesse campo. O conhecimento mais aprofundado dos núcleos e grupos de pesquisa demanda uma pesquisa, o que está sendo proposto pelo Grupo Temático de Ética de Direitos Humanos (GTP) da ABEPSS.

2
O Código de Ética de 1993

2.1 Concepção ética e fundamentos ontológicos

O CE se organiza em torno de um conjunto de princípios, deveres, direitos e proibições que orientam o comportamento ético profissional, oferecem parâmetros para a ação cotidiana e definem suas finalidades ético-políticas, circunscrevendo a ética profissional no interior do projeto ético-político e em sua relação com a sociedade e a história.

Essa estrutura requer um suporte teórico que assegure a fundamentação da concepção ética e dos valores ético-políticos, dando sustentação ao conjunto de suas prescrições. Na elaboração do CE de 1993, tal apoio foi buscado nas bases ontológicas da teoria social de Marx,[1] como afirma o CE em sua Introdução: "A revisão a que se procedeu, compatível com o espírito do texto de 1986, partiu da compreensão de

---

1. A análise ética aqui exposta está fundada no desenvolvimento dos pressupostos ontológicos contidos sumariamente no CE. Trata-se de uma interpretação, entre outras possíveis; como tal, sujeita a divergências em relação às(aos) companheiros(as) que participaram da sua formulação inicial. Estou baseada especialmente em Marx, 2011, 1993, 1991, 1985; Lukács, 2010, 2007, 2004, 1981, 1979, 1978, 1966; Mészáros, 2006; Heller, 1972, 1989; Netto, 1994, Netto e Braz, 2006; Frederico, 1995; Barroco, 2010, 2011.

que a ética deve ter como suporte uma ontologia do ser social [...]" (CFESS, 1993, p. 15).

Apoiado nesse referencial, o CE inscreveu a ética e os valores no âmbito da práxis, que tem no trabalho seu modo de ser mais elementar: *a ética e os valores são concebidos como produtos da práxis*: "Os valores são determinações da prática social, resultantes da atividade criadora tipificada no processo de trabalho [...]" (CFESS, 1993, p. 15).

A objetivação do trabalho propicia o desenvolvimento de certas capacidades que instituem um *novo ser*, diverso de outros seres existentes na natureza: um *ser social*, capaz de agir *conscientemente*, de forma *livre* e *universal*. Esse ser é um ser da *práxis* porque por meio do trabalho transforma conscientemente a natureza e a si mesmo, responde a necessidades, cria alternativas, institui a possibilidade de escolher entre elas e produz socialmente um resultado objetivo que amplia suas capacidades, criando novas alternativas, gestando, com isso, condições objetivas para o exercício da liberdade. Segundo o CE:

> É mediante o processo de trabalho que o ser social se constitui, se instaura como distinto do ser natural, dispondo de capacidade teleológica, projetiva, consciente; é por esta socialização que ele se põe como ser capaz de liberdade. (CFESS, 1993, p. 15-16)

Essa fundamentação ontológica permite apreender a ética como parte constitutiva da práxis: *uma ação prática e social mediada por valores e projetos derivados de escolhas de valor que visam interferir conscientemente na vida social, na direção da sua objetivação* (Barroco, 2010b).

Vê-se a objetividade dos valores e das ações ético-morais: os humanos são capazes de se comportar eticamente porque desenvolveram a capacidade de agir de forma consciente e racional; de criar valores e alternativas de escolha, elaborando possibilidades de transformação das circunstâncias que impedem a livre manifestação de suas capacidades e autonomia.

Todavia, essas ações se realizam em circunstâncias históricas determinadas; logo, de forma relativa às condições sociais em que se inserem. Na vigência das relações sociais capitalistas, fundadas na propriedade privada dos meios de produção e da riqueza socialmente produzida, na exploração do trabalho e na dominação de classe, a objetivação ética encontra obstáculos concretos para se viabilizar plenamente, ou seja, de forma consciente, universalizante, livre, objetivando valores emancipatórios.

A sociedade burguesa contém uma contradição imanente: a produção da riqueza social e humana supõe a miséria material e espiritual, constituindo-se numa ordem social que "atinge a liberdade pela exploração, a riqueza pela pobreza, o crescimento da produção pela restrição do consumo [...] o mais alto desenvolvimento das forças produtivas coincide com a opressão e a miséria totais" (Marcuse, 1978, p. 284-285).

Essa dinâmica contraditória comporta uma *negatividade*, objetivada pela luta de classes, de forças sociais antagônicas ao capitalismo, de processos contra-hegemônicos, de oposição teórica e prática à ordem vigente. Embora faça parte dessa dinâmica a incorporação dessas lutas, por parte do capital, em busca de sua subordinação à lógica dominante, esse campo de possibilidades é objetivo, variando historicamente, de acordo com as estratégias de recomposição do capitalismo, em face de suas crises, e do acúmulo das forças sociais de oposição.[2]

Da constatação de que nessa sociedade é impossível a *universalização* de uma ética objetivadora de valores emancipatórios, não se conclui, *necessariamente*, a impossibilidade de sua realização *parcial*. Creio que a consideração oposta, ou seja, a de que nesta sociedade é impossível qualquer realização ética, decorre de uma visão que analisa o presente em função do *devir* sem considerar as mediações entre esses dois polos e absolutizando os valores e a ética, a partir de uma projeção idealista do devir. Se operarmos com a projeção das condições ideais nas quais a ética poderia se objetivar, contrapondo-as ao pre-

---

2. "O pós-capitalismo não só constitui uma necessidade histórica determinada pela decadência da civilização burguesa como também uma possibilidade real, pois possui uma imensa base cultural nunca antes disponível." (Beinstein, 2011, p. 232)

sente de *forma absoluta*, tenderemos a ignorar as mediações históricas inscritas entre esses dois extremos. Em outras palavras, reiteraremos a visão de que: *se não é possível a sua realização ideal aqui e agora, não será possível nenhuma forma de realização.*

As revoluções, insurreições, as lutas dos trabalhadores e dos movimentos democrático-populares, as inúmeras práticas de oposição e resistência à ordem burguesa realizadas historicamente atestam níveis diversos de emancipação política, assim como de concretude histórica da ética, da política e dos valores. As conquistas da categoria profissional se inscrevem nesse universo de lutas da classe trabalhadora, a exemplo da vitória alcançada recentemente com a aprovação da lei que regulamenta a jornada semanal de 30 horas para os assistentes sociais brasileiros. Da mesma forma, a trajetória do PEP tem sido forjada por incontáveis práticas significativas[3] que, mesmo em condições adversas, conseguem qualificar, em diferentes graus, o exercício profissional, direcionando-o de forma crítica e de acordo com os valores éticos profissionais.

Os valores são objetivos porque são *produtos da atividade que os realizou; logo, só ganham substância quando concretizados por prática social dos homens;* ao contrário do que se pensa, isto é, de que o valor é criado pela subjetividade dos indivíduos.

É por isso que uma categoria social como a liberdade, que concretamente corresponde à existência de alternativas, à possibilidade de escolhas, à existência de condições sociais para a vivência e a ampliação das capacidades, a liberação dos impedimentos à manifestação das forças humanas etc., passa a ser valorizada, a ser representada como valor ético e político por meio da práxis humana. Desse modo, com

---

3. A título de exemplo, sugiro a leitura de Torres (2005), em que se aborda o trabalho das assistentes sociais Elisabete Borgianni, Marcia C. Paixão e Neide Castanho na Penitenciária Feminina da capital (SP), na gestão da doutora Suraia Daher, entre os anos 1978-1983, em um projeto de teatro com as presas, do qual eu também participei ao lado da atriz Maria Rita Freire Costa. Nos muros da prisão, em fins da ditadura, durante o governo Maluf, esse trabalho, que envolveu diversas atividades vinculadas à arte, além de experiências inovadoras com metodologias críticas, constituiu uma das experiências mais significativas que tenho conhecimento.

base na noção de riqueza humana de Marx,[4] Heller entendeu que podemos definir uma *medida de valor* a partir das ações que contribuem para emancipar o ser humano, em níveis e graus diversos:

> São de valor positivo as relações, os produtos, as ações, as ideias sociais que fornecem aos homens maiores possibilidades de objetivação, que integram sua sociabilidade, que configuram mais universalmente sua consciência e que aumentam sua liberdade social. Consideramos tudo aquilo que impede ou obstaculiza esses processos como negativo, ainda que a maior parte da sociedade empreste-lhe um valor positivo. (Heller, 1972, p. 78)

Com essas brevíssimas considerações, retomo as reflexões do filósofo Tertulian que, analisando a concepção ética de Lukács, afirma que, por meio da moral, pode ocorrer uma suspensão momentânea da singularidade, permitindo que os indivíduos se comportem como sujeitos éticos, enriquecendo a sua personalidade pela conexão com exigências e motivações de caráter humano-genérico, vinculando-os com valores, ideias e projetos dirigidos à sociedade e à totalidade social:

> A ação ética é um processo de "generalização", de mediação progressiva entre o primeiro impulso e as determinações externas; a moralidade torna-se ação ética no momento em que nasce uma convergência entre o eu e a alteridade, entre a singularidade individual e a totalidade social. O campo da particularidade exprime justamente esta zona de mediações onde se inscreve a ação ética. (Tertulian, 1999, p. 134)

---

4. Totalidade das capacidades e das forças produtivas humanas emancipadas dos limites burgueses: "Em todas as formas, ela [a riqueza representada pelo valor] se apresenta sob forma objetiva, quer se trate de uma coisa ou de uma relação mediatizada por uma coisa, que se encontra fora do indivíduo e casualmente a seu lado [...] mas, *in fact*, uma vez superada a limitada forma burguesa, o que é a riqueza se não a universalidade dos carecimentos, das capacidades, das fruições, das forças produtivas etc., dos indivíduos, criada no intercâmbio universal? O que é a riqueza se não o pleno desenvolvimento do domínio do homem sobre as forças da natureza, tanto sobre as da chamada natureza quanto sobre as da sua própria natureza? O que é a riqueza se não a explicitação absoluta de suas faculdades criativas, sem outro pressuposto além do desenvolvimento histórico anterior, que torna finalidade em si mesma essa totalidade do desenvolvimento, ou seja, do desenvolvimento de todas as forças humanas enquanto tais, não avaliadas segundo um metro já dado? Uma explicitação na qual o homem não se reproduz numa dimensão determinada, mas produz sua própria totalidade? Na qual não busca conservar-se como algo que deveio, mas que se põe no movimento absoluto do devir?" (Marx, 2011, p. 372)

2.2 Valores e formas de objetivação

Na parte introdutória do CE encontram-se a explicitação do seu significado histórico, sua concepção ética, seus valores e finalidades. Em seguida apresenta-se a parte dedicada à introdução dos *Princípios fundamentais:*[5] 11 prescrições constituídas por valores éticos e políticos e por suas formas de viabilização. Estou afirmando que as 11 prescrições elencadas sob a forma de "princípios" não têm a mesma natureza, diferenciando-se em relação ao seu significado histórico e ao seu estatuto ontológico.

Alguns princípios referem-se a valores essenciais, ou seja, fundantes de outros valores presentes no CE. Por exemplo, a liberdade (autonomia); a democracia (não autoritarismo, autogestão). Observa-se que a liberdade e a democracia se articulam entre si e em relação aos demais valores, sendo que todos os princípios estão conectados à lógica interna e à concepção ética que os fundamentam histórica e ontologicamente. Disso se conclui que, se algum princípio ou valor for analisado isoladamente, a partir de referências estranhas ao CE, a compreensão da totalidade do CE será atingida.

A emancipação é o valor de caráter humano-genérico mais central do CE, indicando sua finalidade ético-política mais genérica. Os demais princípios (valores) essenciais: a liberdade, a justiça social, a equidade e a democracia são simultaneamente valores e formas de viabilização da emancipação humana. Esses valores foram assim situados entre os princípios fundamentais do CE:

- Reconhecimento da liberdade como valor ético central. (CFESS, 1993, p. 17)
- [...] emancipação e plena expansão dos indivíduos sociais. (CFESS, 1993, p. 17)
- Posicionamento em favor da equidade e justiça social. (CFESS, 1993, p. 17)

---

5. No livro organizado por Bonetti et al. (1996), o leitor encontrará uma análise dos princípios fundamentais do CE, realizada por Beatriz A. Paiva e Mione A. Sales, no contexto da aprovação do Código de Ética de 1993.

Na Introdução do CE lê-se:

A revisão do texto de 1986 processou-se em dois níveis. Reafirmando os seus valores fundantes — a liberdade e a justiça social —, articulou-os a partir da exigência democrática: a democracia é tomada como valor ético-político central, na medida em que é o único padrão de organização político-social capaz de assegurar a explicitação dos valores essenciais da liberdade e da equidade. (CFESS, 1993, p. 15)

Vê-se que a democracia foi tratada como *valor central* e *forma política* capaz de viabilizar os valores essenciais. Trata-se de uma concepção de democracia que supõe a ultrapassagem da ordem burguesa, ou seja, que difere da concepção liberal burguesa, pois se refere à socialização da participação política e da riqueza socialmente produzida:

- Defesa do aprofundamento da democracia, enquanto socialização da participação política e da riqueza socialmente produzida. (CFESS, 1993, p. 15)

Para entender o alcance dessa afirmação é preciso lembrar que o CE articulou duas dimensões da profissão: a do exercício profissional institucional à da ação política coletiva vinculada aos processos de luta contra hegemônicos da sociedade brasileira. Em outras palavras, o CE remete a dois projetos: o projeto profissional e a projeção de uma nova sociedade, que supõe a superação radical da sociedade burguesa. O CE é explícito a esse respeito:

Esta concepção já contém, em si mesma, uma projeção de sociedade — aquela em que se propicie aos trabalhadores um pleno desenvolvimento para a invenção e vivência de novos valores, o que, evidentemente, supõe a erradicação de todos os processos de exploração, opressão e alienação. (CFESS, 1993, p. 16)

Assim, quando se referiu à emancipação, o CE não pretendeu afirmar que seria possível realizar a emancipação humana nos limites do trabalho profissional, pois supõe que existem níveis diferentes de emancipação; que a emancipação sociopolítica não se confunde com a emancipação humana (Marx, 1991), mas que isso não a torna menos importante, como realização relativa de conquistas emancipatórias. Além disso, no CE, a emancipação social e a política, realizável em graus diversos nos limites da sociabilidade burguesa, não se desconectam do horizonte da emancipação humana no CE. Assim, o Código articulou dois níveis de orientação ética profissional que se vinculam organicamente: o presente e o devir mediado pelo trabalho profissional na perspectiva do seu alargamento e no horizonte de sua superação.

Esse foi um dos avanços do CE de 1993 em face do CE de 1986, pois, ao estabelecer as mediações entre os projetos societários e profissionais, ofereceu respostas objetivas ao exercício profissional, explicitando a relação entre os valores essenciais e as suas formas de objetivação no âmbito das instituições, nos limites da sociedade burguesa, partindo do pressuposto que elas não se esgotam em si mesmas: devem ser realizados na perspectiva de seu alargamento, com a consciência crítica de seus impedimentos, na direção do fortalecimento das necessidades dos usuários, tratados em sua inserção de classe. Esse compromisso ético-político já posto em 1986 foi assim reafirmado:

- Articulação [...] com a luta geral dos trabalhadores.
- Opção por um projeto profissional vinculado ao processo de construção de uma nova ordem societária, sem dominação, exploração de classe, etnia e gênero. (CFESS, 1993, p. 18)

Nessa perspectiva se colocaram os demais valores e formas de viabilização dos valores essenciais: *autonomia, diversidade, participação, pluralismo e competência*. Seguem-se os *desvalores* e as práticas consideradas negativas: *autoritarismo, preconceito, dominação, exploração e discriminação*. Da defesa dos direitos decorreu a inserção no CE de certas bandeiras de luta: prescrições ético-políticas que visam objetivar valores fundamentais, como a liberdade, a equidade ou realizar formas políticas como a democracia: *recusa do arbítrio, da discriminação, do preconceito, do autoritarismo e afirmação do pluralismo no campo democrático*.

CÓDIGO DE ÉTICA DO/A ASSISTENTE SOCIAL COMENTADO

As mediações históricas por meio das quais esses valores e ações se realizam profissionalmente são aquelas que dão especificidade ao trabalho profissional na divisão social do trabalho: *a viabilização dos direitos sociais, por meio das políticas e programas institucionais*. No entanto, na elaboração do CE entendeu-se que os *direitos sociais, as políticas e os programas institucionais não constituem a finalidade última da ação profissional e não se limitam à forma restrita e fragmentada que se reproduzem na sociedade burguesa:*

- Posicionamento em favor da equidade e justiça social, que assegure universalidade de acesso aos bens e serviços relativos aos programas e políticas sociais, bem como sua gestão democrática.

Assim, o CE abordou a relação do exercício profissional com a viabilização dos direitos sociais, incluindo o conjunto dos *direitos humanos* (sociais, políticos, civis, econômicos, culturais) e a ampliação da *cidadania: forma sociopolítica de garantir a vigência dos direitos sociais e políticos.*

- Defesa intransigente dos direitos humanos.
- Ampliação e consolidação da cidadania, considerada tarefa primordial de toda sociedade, com vistas à garantia dos direitos civis sociais e políticos das classes trabalhadoras. (CFESS, 1993, p. 17)

Porém, em face dos seus limites na sociedade burguesa, o CE apresenta uma visão que leva em conta que o desenvolvimento pleno da cidadania supõe a superação dos seus limites burgueses. Por isso, a cidadania é articulada à democracia, como forma política capaz de favorecer:

- A ultrapassagem das limitações reais que a ordem burguesa impõe ao desenvolvimento pleno da cidadania, dos direitos e garantias individuais e sociais e das tendências à autonomia e à autogestão social. (CFESS, 1993, p. 15)

Como afirmei inicialmente, a tradução dos valores essenciais na prática cotidiana parece ser uma das grandes dificuldades encontrada por muitos profissionais. Como realizar a liberdade, essa palavra tão evocada e ao mesmo tempo tão abstraída de suas determinações históricas? Talvez um primeiro passo seja o de desmistificar as visões incorporadas por meio da ideologia dominante, que, inevitavelmente, contribuem para essa abstração e para o ocultamento do seu significado real.

A ideia mais comum acerca da liberdade é a de que ela é absoluta no espaço da vida privada do indivíduo. Por meio da ideologia de que a "liberdade de cada um acaba quando começa a do outro" apreende-se que o respeito ao individualismo burguês é um valor positivo. Na verdade, essa noção de liberdade está fundada nas necessidades postas pela reprodução social de uma sociedade fundada na propriedade privada; logo, numa forma de ser, num *ethos*, que corresponde ao indivíduo burguês que constrói a sua existência em função da posse privada de mercadorias e da competição.

Essa noção de liberdade refere-se a um indivíduo que não suporta a presença dos demais que "invadem" o seu espaço privado; por isso a idealização de que "sozinhos" poderão gozar de plena liberdade. Não se trata somente de uma ideologia, mas da existência de condições favorecedoras da reprodução dessa forma de ser: o capitalismo cria incessantemente necessidades que levam os indivíduos a se isolarem e se individualizarem por meio de seus objetos pessoais: "seu" quarto, "seu" computador, "seu" automóvel, condição que tem se aprofundado de forma espetacular na vigência da ideologia neoliberal (Barroco, 2011a).

Para romper com essa noção de liberdade é preciso desmistificar essa compreensão individualista e a falsa ideia de que a liberdade é plena, entendendo que a realidade é contraditória e que as nossas escolhas sempre se darão em relação aos demais, ou seja, poderão trazer conflitos, contradições e sempre implicam responsabilidades. Só podemos ser livres com os demais e se a maior parte da humanidade não é livre, como podemos desejar que a liberdade seja só "nossa"?

Vê-se porque a reflexão e a práxis motivada pela liberdade são sempre de caráter genérico; remete ao gênero humano, nos leva a sair da nossa singularidade para pensar e agir em função dos outros, da sociedade e da humanidade. Eis porque no CE valores humano-genéricos como liberdade e emancipação fornecem uma direção aos demais valores.

Assim, objetivar relações mais livres é agir de forma que amplie a margem de autonomia das nossas ações, levando em conta a relação com os outros; é participar de ações voltadas à liberação das formas de opressão que impedem a livre manifestação das capacidades e potencialidades humanas.

2.3 A defesa dos direitos humanos

A defesa dos direitos humanos (DH) é uma das prescrições constitutiva dos princípios fundamentais do CE de 1993. A compreensão do significado dos DH no interior do CE supõe a mesma lógica adotada em relação aos valores, isto é, demanda a sua relação com a concepção ética e a direção social do CE. Isso remete à compreensão histórica dos DH e à necessidade de entender os seus limites e possibilidades na sociedade capitalista.

Trata-se de apreender a história social dos DH (Trindade, 2002) sob a perspectiva do confronto de classes e das lutas dos trabalhadores, dos grupos e sujeitos políticos em defesa de suas necessidades e na oposição às formas de dominação e de discriminação existentes.

Nesse sentido, as reivindicações por DH revelam seu significado na sociedade burguesa: sua existência só tem sentido em face de condições sociais nas quais os direitos não são assegurados por outros meios. Em outras palavras, as lutas por DH evidenciam a sua ausência e a esfera do direito, como parte constitutiva do modo de produção capitalista, confere estabilidade e controle a essas lutas (Trindade, 2011; Iasi, 2011).

Isso aponta para o fundamento ontológico dos DH na sociedade capitalista: eles são inseparáveis da propriedade privada dos meios de produção, da exploração do trabalho, da dominação de classe e das formas jurídicas e políticas que sustentam a sociedade burguesa: o direito e o Estado. Os DH são, ao mesmo tempo, o resultado concreto do enfrentamento das diferentes formas de degradação da vida humana em curso por parte das classes, grupos e sujeitos desapropriados das condições sociais de existência, em diversas situações de violação de sua humanidade, por processos de discriminação, opressão, dominação e exploração (Barroco, 2009).

Portanto, embora limitadas, as lutas por DH revelam conquistas na história das lutas gerais dos trabalhadores e setores sociais oprimidos. Situando-se no século XX, no âmbito dos direitos sociais, econômicos, culturais e da ampliação dos direitos civis, a partir das reivindicações da classe trabalhadora e de movimentos contra a discriminação racial, de gênero, pela criminalização da tortura, pela proteção a refugiados, entre outros, essas conquistas foram ampliadas para outras dimensões, incorporando outros grupos e necessidades sociais: crianças e adolescentes, livre expressão sexual etc. (Trindade, 2011).

A lógica destrutiva do capital tem se objetivado, na contemporaneidade, como processo acelerado de desumanização — de barbárie — que atinge a totalidade das relações sociais e a natureza. Não é à toa que, ao lado da ética, o debate dos DH surja com tanta frequência nos mais variados espaços.

No Brasil, a partir da década de 1990, a violação de DH cresceu vertiginosamente por meio de assassinatos, chacinas, execuções sumárias, desaparecimentos forçados,[6] envolvendo crianças e adolescentes, trabalhadores sem-terra, mulheres, jovens, negros, grupos LGBT, populações quilombolas, indígenas, moradores de favelas. Essas práticas têm sido legitimadas por parte da sociedade, de setores conservadores, do Estado policial e da mídia sensacionalista, contribuindo para que os DH sejam repudiados e tratados como direitos de "bandidos".

---

6. Consultar a importante pesquisa de Fernandes (2011), que analisa as execuções sumárias e os desaparecimentos forçados de maio de 2006, em São Paulo.

Conforme crescem as violações e a barbárie, ampliam-se as reivindicações pelos DH por parte dos que são violados e das forças progressistas. Essa demanda rebate nas profissões que atuam com populações afetadas por esses processos.[7] Como trabalhador assalariado e profissional voltado ao atendimento das expressões mais extremas da *questão social*, o assistente social vincula-se duplamente a esse processo de barbarização da vida. Ao mesmo tempo a natureza das questões envolvidas nas violações de DH aproxima os DH do debate ético e político profissional (Barroco, 2009; Brites, 2011; Pereira; Vinagre, 2007).

As lutas de DH têm a particularidade de abordar o conjunto de direitos e seus portadores sob a perspectiva da universalidade. Isso supõe uma concepção de homem, de direitos e de universalidade. Em geral, as visões que orientam grande parte dos movimentos de DH são a-históricas, ou seja, tratam o homem como um ser universal abstrato, cujas condições sociais, econômicas e políticas são determinadas por uma essência metafísica ou por aptidões naturais. Os direitos, nesse caso, ou são vistos como direitos naturais, anteriores à sociabilidade e imunes às determinações de classe ou são tomados como parte de uma essência humana universal igualmente a-histórica e imutável, isto é, com a mesma visão abstrata que fundamentou os Códigos de Ética anteriores ao de 1986.

De acordo com a concepção do CE de 1993, os DH foram tratados historicamente, apreendidos no contexto da sociedade burguesa, levando em conta as suas contradições e determinações. Sua inserção no interior dos princípios fundamentais revela a sua importância como estratégia de viabilização das necessidades e interesses dos usuários.

---

7. Em resposta a essas demandas o CFESS, a partir de 2000, criou uma política de DH, incorporada à Comissão de Ética, desenvolvendo uma agenda de atividades que inclui: a articulação com os movimentos sociais; a comunicação como instrumento de visibilidade na defesa e garantia dos DH; cursos de capacitação; realização de campanhas (livre orientação e expressão sexual; contra o racismo; DH etc.); participação em fóruns e conselhos de direitos na defesa dos segmentos dos trabalhadores e do PEP.

Nessa perspectiva, os DH são simultaneamente: objeto da ação profissional, valor ético-político e forma histórica de realização de valores e de necessidades (Brites, 2011). Localizados em níveis diversos de emancipação social e política, os DH foram conquistados por meio de manifestações, protestos, greves, lutas contra a opressão, pertencendo à totalidade das lutas da classe trabalhadora e dos grupos subalternos (Trindade, 2002; Chaui, 1989).

A compreensão histórica dos DH nos leva a considerar os seus limites na sociedade burguesa, possibilitando o desvelamento do seu significado contraditório. Este reside na afirmação da universalidade dos direitos em uma sociedade fundada na desigualdade estrutural, ou seja, em uma sociedade onde a riqueza social não é apropriada pela totalidade da humanidade. Compreender essa contraditoriedade significa saber que a defesa dos DH pode servir à apologia do capitalismo, à legitimação ideológica de interesses de dominação e ao ocultamento das formas de degradação da vida humana. Contudo, o reconhecimento dos seus limites não deve levar à sua negação absoluta: entendidos como conquistas dos trabalhadores e grupos sociais discriminados, os DH podem ser tratados como *estratégia de resistência*. Concordando com Trindade, é dessa forma que considero ser necessária a defesa dos DH na atual conjuntura:

> [...] a maior parte da agenda prática dos direitos humanos (não toda a agenda) — essa parte resultante das conquistas sociais tendencialmente emancipatórias — harmoniza-se com a plataforma marxista própria aos tempos atuais: uma plataforma de resistência ao retrocesso social e de retomada lenta da acumulação de forças. (Trindade, 2011, p. 302)

2.4 Direção política e pluralismo

O CE de 1993 é produto concreto do projeto ético-político que nos últimos 30 anos tem conquistado a hegemonia no Serviço Social brasileiro, no interior de um processo de oposição e luta entre ideias e projetos profissionais e sociais. O ideário socialista, que marca a sua origem e representa o seu polo profissional mais crítico, é assim representado no CE de 1993: "Opção por um projeto profissional vinculado ao processo de construção de uma nova ordem societária, sem dominação e exploração" (CFESS, 1993, p. 18).

A articulação entre projeto emancipatório e projeto profissional tem levado a alguns equívocos. Entre eles, o que entende haver uma incompatibilidade absoluta nessa articulação, pois parte do suposto de que a realização de qualquer atividade profissional no capitalismo só pode reproduzir a desigualdade e a dominação, ou seja, o capital. Nesse caso, haveria um abismo ou uma contradição absoluta entre a emancipação idealizada e a realização da dominação.

Isso pode ser verdadeiro para muitas práticas sociais que afirmam idealmente certos valores e agem praticamente em função de outros, opostos. É também verdade que nenhuma atividade social no interior da sociedade capitalista deixa de contribuir, em diferentes níveis, para a objetivação das relações sociais burguesas. No entanto, esse é um lado da realidade. A partir do conhecimento do significado do Serviço Social no processo de reprodução das relações sociais capitalistas (Iamamoto, 1983), sabemos que — ao responder à questão social através da realização dos serviços sociais — o assistente social reproduz simultânea e contraditoriamente os interesses e as necessidades do capital e do trabalho. Dada essa inserção contraditória, a profissão não pode eliminar uma das dimensões de sua atuação; porém, por causa da sua opção política, o assistente social pode colocar-se a serviço de uma delas, optando por fortalecer a classe trabalhadora por meio de seus serviços.

Nesse sentido, projeto societário e projeto profissional deixam de se colocar como antíteses, oferecendo a possibilidade de elaboração de mediações estratégicas que possam contemplar atuações diferenciadas: no campo estritamente institucional, no âmbito mais amplo das lutas da categoria e no espaço de participação política do profissional como cidadão e sujeito político em lutas que articulam a emancipação social e política com projetos de emancipação humana.

A legitimação deste projeto em sua dinâmica e processo de desenvolvimento histórico inclui a participação de setores profissionais não necessariamente vinculados a esse ideário, com diferentes posições políticas vinculadas a um amplo campo democrático. A esse respeito o CE de 1993 foi explícito colocando como um de seus princípios fundamentais: "Garantia do pluralismo, através do respeito às correntes profissionais democráticas existentes e suas expressões teóricas" (CFESS, 1993, p. 18).

Na medida em que o CE de 1993 adotou uma perspectiva ética histórica e crítica, apoiou-se na compreensão de que a ética se objetiva na vida social, nas relações sociais mediadas por interesses e necessidades socioeconômicas e político-ideológicas; por isso, seus valores éticos também foram tratados em suas mediações políticas, sem que uma dimensão fosse subordinada à outra. Assim, o CE também se referiu a demandas políticas, tais como o *não autoritarismo*, a *autonomia:* exigências éticas para uma ação *mais livre* e para atingir formas *de realização política desejáveis*, na medida em que supõe a *não coação.*

É comum o entendimento de que os pressupostos valorativos que servem de orientação para o *julgamento* das ações éticas podem variar de acordo com os valores pessoais dos indivíduos. Essa ideia concorre para uma *relativização* da ética e para uma visão que perpassa pelo pensamento social reproduzido pelo senso comum: a visão de que cada um tem a "sua" moral e a "sua" ética, desconectadas das suas determinações sociais, e/ou o entendimento de que elas decorrem da subjetividade dos indivíduos, não dispondo de determinações objetivas.

Essa compreensão permite que a ética seja difundida como um conjunto de valores ideais que cada um "escolhe" individualmente, construindo uma ideologia que leva os indivíduos a entenderem que não existem *parâmetros sociais e universais* para o julgamento das ações éticas: "cada um" tem os seus valores; logo, quem pode dizer o que está certo ou errado? Estamos falando do relativismo ético-moral que concorre para uma negação da ética profissional coletiva e racional.

O *relativismo ético-moral* se reproduz no senso comum e em teorias éticas que negam a universalidade dos valores, a exemplo das teses defendidas pelo pensamento pós-moderno. No senso comum, essas ideias estão na base de um pensamento que não apreende a historicidade dos valores e o caráter social da ética e da moral. Em diferentes teorias éticas, o relativismo é baseado na tese de que não é desejável e/ou possível basear-se em valores e pressupostos universais.[8]

Uma ética democrática, pautada na defesa da liberdade, não poderia negar a importância de garantir a autonomia dos indivíduos, em suas decisões e preservação de seus valores e costumes. No entanto, o que fazer diante de diversas práticas que violentam e desrespeitam essa mesma liberdade?

De acordo com o CE, manifestações que representam atos de violência, de desrespeito aos direitos humanos, à liberdade, não podem ser aceitas e devem ser enfrentadas de forma democrática. Nesse sentido está em pauta a questão da tolerância, da diversidade e do pluralismo no campo democrático (Barroco, 2004).

Como categoria social, a diversidade está presente nas diferentes culturas, raças, etnias; gerações, formas de vida, escolhas, valores, concepções de mundo, crenças, representações simbólicas, enfim, nas particularidades do conjunto de expressões, capacidades e necessidades humanas historicamente desenvolvidas. Assim, é elemento constitutivo do gênero humano e afirmação de suas peculiaridades naturais e socioculturais.

As identidades que unem determinados grupos sociais, diferenciando-os de outros, não deveriam resultar em relações de exclusão, desigualdade, discriminações e preconceitos. Quando isso ocorre é porque suas diferenças não são aceitas socialmente e, nesse caso, estamos diante de questões ético-políticas e no espaço de

---

8. No campo da antropologia, o relativismo ético se articula ao debate do relativismo cultural, que questiona a existência de padrões universais julgando que cada cultura deve decidir o que é certo ou errado de acordo com seus costumes. Entre as correntes filosóficas do *relativismo ético* encontra-se a vertente irracionalista, que defende a tese de que não é possível chegar a uma decisão racional sobre valores (Barroco, 2004).

discussão dos direitos humanos: campo de luta pelo reconhecimento *do direito à diferença*.

Em torno da problemática da discriminação e do preconceito, articulam-se determinados valores, como a *tolerância e a alteridade*: mediações estabelecidas nas relações entre os homens e que se articulam à *liberdade e à equidade*. A alteridade, entendida como respeito ao outro, pertence à defesa da diversidade como direito.

A *tolerância positiva* é uma atitude ética articulada à liberdade e à equidade porque exige a aceitação consciente dos demais como sujeitos livres, respeitando as suas escolhas mesmo que elas não sejam compartilhadas. Nem se trata de *indiferença*, nem isolamento (como no individualismo burguês): é uma relação social de reciprocidade mediada pela diferença, pela aceitação e pela alteridade. Digo positiva porque existe a *tolerância negativa* que ocorre quando não aceitamos a diferença, mas a "toleramos" com indiferença e isolamento (Barroco, 2003; Cortella; La Taille, 2005).

Na *intolerância*, também ocorre uma relação social em que um dos sujeitos (ou um grupo, uma raça etc.) é diferente ou faz algo diferente e isso nos atinge; não ficamos indiferentes, porém nossa reação é oposta à da tolerância positiva. Aqui, diante das diferenças, assumimos atitudes destrutivas, fanáticas, racistas. A diferença é negada; mais do que isso, buscamos destruí-la, excluir a identidade do outro, por meio da afirmação da nossa, tomada como a única válida (Vázquez, 1999).

Dessa forma, fica evidente que o exercício do pluralismo e o respeito à diversidade supõem a existência de conflitos. Mas isso não impede de tomarmos posição tendo por orientação os valores e princípios da ética profissional. O CE foi explícito ao informar que *o empenho na eliminação de todas as formas de preconceito e de discriminação por questões de classe social, etnia, religião, nacionalidade, orientação sexual, identidade de gênero, idade e condição física; o respeito à diversidade e a garantia do pluralismo estão circunscritos ao campo democrático e subordinados aos princípios da liberdade, da equidade e da justiça social.*

3
A materialização do Código de Ética:
exigências e possibilidades

3.1 Cotidianidade, alienação moral e *ethos* profissional

Afirmei anteriormente que a ética é parte da práxis: uma ação prática e social consciente mediada por valores emancipatórios que visa interferir na realidade social para objetivá-los. Por sua natureza, essa práxis exige certo grau de consciência e de comprometimento com motivações éticas de caráter genérico: exigências que remetem ao enfrentamento de conflitos da totalidade social.

É evidente que essa práxis não faz parte da cotidianidade: para responder às necessidades práticas e imediatas de reprodução dos indivíduos, em sua singularidade, a vida cotidiana (Lukács, 1966; Heller, 1972; 1998) se reproduz a partir de uma dinâmica que coloca outras exigências: o *espontaneísmo*, o *pragmatismo*, a *heterogeneidade*, a *repetição acrítica* de modos de vida e de valores. Dadas essas características, a cotidianidade favorece a incorporação da alienação (Marx, 1993; Mészáros, 2006; Netto, 1981).

Na vida cotidiana o indivíduo se socializa, incorpora hábitos, valores e costumes, adquire certo grau de consciência e de discernimento ético-moral que passa a orientar o seu comportamento social. No âmbito da singularidade, as motivações que impulsionam as suas ações não perdem o seu caráter social; decorrem de exigências e valores socialmente legitimados, à cultura existente ou à sua negação. No entanto, a sua assimilação é feita de modo singular e com as características da cotidianidade, ou seja, são incorporadas como exigências imediatas, que dizem respeito apenas ao "eu".[1]

Vê-se que a reprodução espontânea e pragmática de normas e deveres não atende às exigências da ética tal como descrevemos. No entanto, como afirmei inicialmente, todas as ações reproduzem valores e posicionamentos de valor; omitem, negam ou afirmam finalidades com conteúdos valorativos. Sendo assim, a ética profissional — entendida como a objetivação de valores e de práticas que interferem valorativamente na vida social — pode se configurar como uma ética consciente da sua interação com a sociedade e com a humanidade, conectada a exigências ético-políticas emancipatórias e objetivadoras de tais motivações, como pode produzir um resultado que negue tais exigências.

Sendo assim, é preciso considerar a ética profissional como uma prática mediada por valores que pode se objetivar com *diversos níveis de consciência e comprometimento*; que *pode não ultrapassar a dinâmica da cotidianidade e da singularidade,* mas que conta com um *campo de possibilidades para se ampliar* e atingir *diferentes graus de conexão com motivações que permitam a ultrapassagem dessa dinâmica* (Barroco, 2011; Brites, 2011).

Como dissemos, a "suspensão" da cotidianidade permite ao indivíduo enriquecer-se, tornar-se mais consciente e motivado por exigências que passam a ser incorporadas à sua individualidade. Logo, não existe uma barreira intransponível entre a cotidianidade e outras formas de vida (Heller, 1972); ela é ao mesmo tempo "começo e fim

---

1. Como diz Heller, a consciência orientada ao "eu": "o 'Eu' tem fome, sente dores (físicas ou psíquicas); no 'Eu' nascem os afetos e as paixões" (Heller, 1972, p. 21).

CÓDIGO DE ÉTICA DO/A ASSISTENTE SOCIAL COMENTADO 73

de toda a atividade humana" (Lukács, 1966, p. 11); sua dinâmica, no contexto da alienação, é que demanda que ela seja "mais" ou "menos" alienada.

A vida cotidiana é o espaço de reprodução do trabalho do assistente social.[2] As demandas típicas das instituições rebatem na dinâmica da cotidianidade, ganhando consistência, pois a heterogeneidade, a repetição, a falta de crítica, o imediatismo, a fragmentação, o senso comum, o espontaneísmo são atitudes típicas da vida cotidiana repetidas automaticamente em face da *burocracia* institucional. Ou seja, a burocracia favorece essa dinâmica. Contudo, não é necessário que seja assim.

Uma das formas de reprodução da alienação que ronda o trabalho cotidiano é a do comportamento ético-profissional que contraditoriamente defende os valores do CE e realiza outros valores, muitas vezes de forma inconsciente. Entre outros fatores, trata-se de uma *repetição espontânea* de certos costumes e valores internalizados e consolidados por meio de sua formação moral, anterior à formação profissional.

Comportamentos preconceituosos são exemplares nesse caso, sejam eles intencionais, por razões ideológicas, ou decorrentes de contradições postas pela alienação social, entre outras. O *preconceito* é uma forma de *alienação moral*, pois estreita as possibilidades do indivíduo se apropriar de motivações que enriqueçam a sua personalidade: impede a autonomia do homem ao deformar e, consequentemente, estreitar a margem real de alternativa do indivíduo (Heller, 1972, p. 59).

Dadas as peculiaridades das demandas atendidas pelo Serviço Social, a herança conservadora da profissão e a influência da ideologia dominante na vida cotidiana, o assistente social não está imune aos apelos moralistas e preconceituosos que rondam o imaginário social.

O preconceito se transforma em *moralismo* quando julgamos o comportamento dos outros segundo critérios morais em uma situação que não é para ser julgada moralmente. São atitudes discriminatórias

---

2. A dissertação de mestrado de Amanda Guazzelli (2009) apresenta um estudo sobre a vida cotidiana e o trabalho do assistente social na perspectiva da ontologia social de Marx.

as que negam os serviços ou desrespeitam os usuários, em função de preconceitos, respaldando-se em ideias conservadoras da sociedade; logo, contam com uma base social de apoio para se manifestar. Como dissemos, as ações implicam responsabilidades, pois — independente da intencionalidade — acarretam consequências.

Preconceito e discriminação são formas antiéticas de se relacionar com as diferenças sociais e individuais. As intervenções profissionais desencadeadas por diversas formas de atendimento que excluam ou discriminem os usuários, impeçam o seu acesso aos serviços, limitem a sua autonomia, que os submetam a situações de desrespeito e de autoritarismo interferem na vida dos usuários.

Exemplos de práticas contrárias aos pressupostos do CE são constantemente relatados em estudos e vivências de profissionais e alunos de Serviço Social e de outras áreas, mostrando que no cotidiano das instituições e na vida cotidiana vive-se hoje um fortalecimento de posicionamentos conservadores, especialmente em relação a questões etnorraciais,[3] uso de drogas, aborto etc.

Segundo relatos de profissionais de enfermagem, no universo de trabalho no campo da saúde acontecem constantemente situações de desrespeito ao usuário, tais como:

> Comentários levianos, que podem ferir os sentimentos dos clientes, como alguns que são feitos nos espaços hospitalares e em ambulatórios por profissionais de saúde: "na hora de fazer você gostou, não foi?", numa situação de trabalho de parto ou aborto, ou: "A senhora não tem televisão em casa?", diante de uma mulher que engravidou outra vez. (Sant'anna; Ennes, 2006, p. 69)

Um estudo sobre a criminalização da juventude pobre (Batista, 2003) aponta para a visão dos operadores do sistema penal sobre a

---

3. Eurico (2011) analisou essa questão em sua dissertação de mestrado, trazendo uma importante contribuição para a reflexão sobre o racismo institucional e o trabalho do assistente social. Matos (2009), em sua tese de doutorado, enfocando criticamente a questão da criminalização do aborto, desvelou as dificuldades cotidianas dos profissionais da saúde no encaminhamento dessa problemática.

favela, considerando que ela contribui para consolidar o *apartheid social* existente. Nesse sentido, chama a atenção para o depoimento de duas assistentes sociais que se referem à favela de forma preconceituosa em seus estudos de caso:

> O local onde reside — área favelada — propicia o seu envolvimento com pessoas *perniciosas* à sua formação moral. (Batista, 2003, p. 109)
>
> Interno oriundo de lar *ilegalmente* constituído, tendo sido autuado por práticas *antissociais*, ocorridas em consequência de ter-se ligado a *más companhias* quando ia encontrar-se com o pai no morro de São Carlos. (Batista, 2003, p. 110)

Observações como essas revelam também uma leitura simplificadora da realidade social: um despreparo teórico para enfrentar a complexidade que envolve os processos de marginalização e as expressões da "questão social" em geral. O preconceito é exatamente essa forma de avaliação da realidade a partir de ideias e valores preconcebidos sem que eles sejam reavaliados criticamente com o auxílio do conhecimento teórico e da constatação prática em face da realidade.

Essas práticas resultam de uma cultura conservadora, da precarização da formação profissional, da falta de preparo técnico e teórico, da fragilização de uma consciência crítica, de processos de despolitização, de incorporação de valores e ideologias conservadoras, individualistas, irracionalistas, da absorção da rotina burocrática das instituições e submissão às suas normas e aos seus valores, entre outros, o que vem sendo agravado na conjuntura atual.

A capacitação profissional é necessária para o desvelamento da realidade em face das implicações éticas do agir profissional, dos conflitos éticos presentes no cotidiano profissional, dos impasses diante de escolhas de valor, entre outros. Quando indagamos criticamente sobre valores, colocamos em questão a própria realidade, abrindo a possibilidade de perguntar se os valores que nos orientam estão em consonância com as necessidades e expectativas sociais que foram surgindo a partir de nossas descobertas mais recentes: está dada a oportunidade de indagar se a realidade *poderia ser diferente do que é*; se podemos *dizer não* ao instituído (Cortella, 2006).

Os valores éticos se objetivam mediante posicionamentos e ações práticas e seu conteúdo é resultado da escolha e decisão de um *sujeito coletivo*: a categoria profissional, daí a importância da reflexão ética coletiva que busque desvelar o significado e fundação dos valores, da discussão que elege os princípios, valores e normas orientadoras da ética profissional configurada no CE.

O CE de 1993 é a expressão do *ethos* profissional vigente na profissão em determinado contexto histórico, bem como a sua projeção ideal, em termos do perfil ético desejado pela categoria, em consonância com o projeto ético-político profissional. Criado a partir de certas condições históricas, o Código forneceu suporte à coexistência entre uma *base normativa elementar* acessível à totalidade da categoria e uma *orientação teórica e valorativa* que expressa o nível mais avançado alcançado pela profissão naquele momento. Portanto, o CE contém um *dever ser* e uma projeção ideal do que *poderia ser* no sentido das possibilidades éticas ali indicadas.

Se traduzirmos os deveres do CE de 1993 veremos que ele exige um determinado *ethos* profissional: espera-se que o assistente seja competente, que exerça uma postura democrática; portanto, que não seja autoritário, preconceituoso e discriminatório, que se capacite continuadamente, que seja respeitoso com seus colegas e com a população atendida, que seja responsável pela viabilização de direitos, por articulações políticas, no âmbito institucional e com as entidades profissionais e os movimentos sociais, entre outros. Em resumo: *exige-se um profissional crítico, teoricamente qualificado e politicamente articulado a valores progressistas.*

Nesses termos, a realização da ética profissional não depende somente de uma "boa" intenção dos profissionais; demanda um investimento em diferentes níveis de capacitação e de organização da categoria profissional; responsabilidade dos profissionais enquanto sujeitos participantes do processo de fortalecimento da profissão e da ética profissional e do conjunto das entidades de representação, incluindo profissionais e estudantes (ABEPSS-CFESS/CRESS/Enesso). Por isso, uma das responsabilidades previstas no CE é exatamente a de capacitação contínua profissional:

- Aprimoramento profissional de forma contínua, colocando-o a serviço dos princípios deste Código. (CFESS, 1993, p. 18)
- Compromisso com a qualidade dos serviços prestados à população e com o aprimoramento intelectual, na perspectiva da competência profissional. (CFESS, 1993, p. 18)

3.2 Consciência ética e responsabilidade

Entender o profissional como sujeito ético-moral é tratá-lo como um sujeito dotado de certos atributos que lhe permitem agir eticamente: vontade, racionalidade, consciência, senso moral ou capacidade de responder por seus atos e discernir entre valores morais (certo/errado; bom/mau etc.). Dizemos que as ações ético-morais são conscientes quando o sujeito assume que os demais podem sofrer as consequências dos seus atos, se responsabilizando por eles.

Vimos que o indivíduo nasce e se socializa em uma sociedade que já conta com valores dominantes que coexistem com oposições e contradições. Em seu processo de socialização forma o seu caráter ou senso ético-moral; quando é adulto, de acordo com as possibilidades do seu contexto e formação, pode *dizer não* aos valores e às normas, adotando outros referenciais que se aproximem mais ou menos de suas necessidades e experiências socioeconômicas e político-culturais (Barroco, 2011).

Várias atividades e relações sociais colocam o indivíduo em confronto com a sua formação primária e seus valores, sejam eles religiosos, morais etc. São espaços e possibilidades de encontro com a diversidade e, diante dos outros e de outras escolhas, o indivíduo pode se colocar em conflito com os seus valores e escolhas, tendo ou não alternativas de se rever, de discutir diferentes posições existentes, de romper com valores e fazer novas escolhas (Barroco, 2010b).

Quando o indivíduo não permite a si mesmo essa abertura para novas alternativas, quando se coloca rigidamente diante de sua moral, tratada como algo imutável e absoluto, certamente entrará em conflitos diante de situações em que se deparar com valores e comportamentos diversos do seu. Esse é um aspecto importante em qualquer ética profissional, seja ela definidora de tal ou qual valor: trata-se antes de um princípio, o respeito à liberdade, à alteridade, à diversidade, à equidade, *o outro tem direito a uma escolha diversa*. Essa compreensão, nem sempre entendida nesses termos, esclarece que *os profissionais não precisam concordar com a escolha dos demais para respeitá-la: trata-se de uma questão da consciência ética vinculada à liberdade e à equidade.*

O assistente social se depara com diferentes situações-limite, como suicídio, aborto, eutanásia, uso de drogas[4] etc. Se não estiver aberto para aceitar o direito de escolha do outro, ou mesmo a possibilidade de o outro não ter alternativa, como poderá conviver com essas circunstâncias? Se estiver absorto em atitudes preconcebidas e estereótipos, como poderá se relacionar com essas situações no trabalho profissional?

Para obter um direito, os usuários são submetidos a diferentes formas de preconceito e discriminação. As diversas práticas profissionais e suas responsabilidades tendem a ser dissolvidas no interior da burocracia institucional, na medida em que uma mesma situação é atendida, de forma fragmentada, por diferentes agentes, sem que nenhum detenha o processo em sua totalidade e assuma a responsabilidade integral pelo mesmo. O caminho percorrido pelo usuário — desde a solicitação do serviço até a obtenção do direito é, em geral, um verdadeiro "calvário" de idas e vindas entre instituições, em

---

4. Sugiro a leitura de duas teses de doutorado que tratam da questão das drogas. O estudo de Brites (2006), fundamentado na ontologia social, sobre o uso de drogas, a redução de danos, na perspectiva da desmistificação de preconceitos e moralismos, e a pesquisa de Vera Lucia Martins (2011), que aborda de forma crítica o caráter mercantil da droga no interior da sociedade burguesa.

que não raras vezes enfrentam situações de descaso e humilhação como mostram os relatos a seguir. O primeiro é de uma mulher, brasileira, que compareceu ao Fórum, em São Paulo, para obtenção de autorização para a interrupção de gestação de feto anencéfalo. As demais foram colhidas por uma assistente social, com mulheres atendidas em serviços públicos portugueses, depois de serem violentadas sexualmente.

> Ele (o médico que diagnosticou a anencefalia fetal) me explicou como seria. Eu teria que procurar um advogado. Então fomos eu e meu marido. Mas estávamos muito abalados, sofrendo muito [...] No fórum, conhecemos a defensora Andrea, que nos encaminhou à promotora. Dra. Soraia também não quis nos receber, as pessoas são contra o aborto. Fiquei esperando no corredor, do lado de fora, e todos me tratando mal. As pessoas me chamavam de assassina. Foi uma humilhação. Eu chorava muito. As pessoas diziam "vai para casa, mãe, cuidar do seu filho". Havia uma moça no fórum, uma atendente, que não permitia que eu fosse atendida. Ela nos deixou esperando horas [...] invadimos a sala da promotora [...] Quando ela soube do caso, brigou conosco. Foi uma luta enorme fazê-la nos escutar. (Rodrigues, 2007, p. 142-143)

> Rosário, 24 anos. Voltando para casa, pediu cigarro a um desconhecido que a levou a uma casa abandonada e violentou-a. Quando conseguiu fugir, pediu auxílio da polícia que prendeu o homem, mas mesmo tendo prendido o agressor levou-a para delegacia submetendo-a a um interrogatório; só depois aceitou a queixa. Não foi atendida no primeiro hospital nem no segundo. No terceiro, uma maternidade, foi questionada e disseram que não podiam fazer nada, pois ela teria que ir ao IML. A sua mãe, quando soube do ocorrido, disse o seguinte: "não devias ter pedido um cigarro a um estranho". (Rodrigues, 2007, p. 259)

> Sofia, 16 anos. Quando se dirigia ao seu local de trabalho foi abordada por um conhecido e sob ameaças físicas foi levada a uma praia onde foi violentada. No mesmo dia apresentou queixa na Polícia e foi levada ao hospital que marcou exame no IML para três dias depois. Só conseguiu comparecer um mês e meio depois devido ao trauma que sofreu durante o interrogatório da polícia. Quando ela não se lembrava dos detalhes que

lhe eram perguntados, o policial dizia: *"tu é que deves saber... tu é que fostes violada"*. Ela disse que foi bombardeada com questões do tipo *"que roupa usava... quantos namorados tinha"*. A família foi interrogada; a irmã, durante três horas, o mesmo ocorrendo com os seus amigos. (Rodrigues, 2007, p. 252)

Essas mulheres não foram atendidas diretamente por assistentes sociais. Contudo, casos de humilhação, desrespeito, atitudes moralistas como essas são vivenciados direta e indiretamente por profissionais de Serviço Social. São situações vivenciadas em delegacias, hospitais, fóruns, em instituições jurídicas, prontos-socorros, instituições penais, abrigos, instituições para adolescentes infratores e tantas outras: reproduzindo-se perto de nós (mesmo que não sejam praticadas por nós). Nesse sentido, cabe uma pergunta ética que diz respeito à consciência e à responsabilidade: *o que temos a ver com isso?*

Essa questão é uma exigência ética posta em movimento por alguma situação real que vivenciamos, motivando nossos sentimentos, nossos valores, a nossa consciência e nos impulsionando na direção de uma ação concreta. Ao contrário do que se pensa, a *omissão* em face de situações antiéticas é uma *posição de valor* que também produz consequências: contribui para a reprodução das situações de violações. Nesse sentido, o CE põe como dever:

> Denunciar, no exercício da profissão, às entidades de organização da categoria, às autoridades e aos órgãos competentes, casos de violação da Lei e dos Direitos Humanos, quanto a: corrupção, maus-tratos, torturas, ausência de condições mínimas de sobrevivência, discriminação, preconceito, abuso de autoridade individual e institucional, qualquer forma de agressão ou falta de respeito à integridade física, social e mental do cidadão. (CFESS, 1993, p. 28)

A rotina cotidiana oculta diferentes faces do desrespeito sofrido pelos usuários nas triagens, nas entrevistas, nas idas e vindas em várias instituições, até ser atendido, na invasão de sua privacidade, na moralização de suas atitudes. Muitas vezes, mergulhado na rotina institucional, o profissional não percebe que está impedindo ou limitando o acesso aos direitos, de forma direta ou indireta. Aparentemente, na lógica da hierarquia institucional e da fragmentação que perpassa pelas relações dos diferentes profissionais que nela atuam, a responsabilidade de cada profissional termina quando um caso atendido é passado para outro profissional.

Entretanto, se o usuário passa por diferentes profissionais e não é atendido em suas necessidades, o resultado da ação profissional é a *não viabilização* de suas necessidades acrescida de situações de humilhação e constrangimento. Nesse sentido, de quem é a responsabilidade? Do último que atendeu? Da instituição? Vê-se assim o quanto a fragmentação e a hierarquização institucional podem facilitar a desresponsabilização de um conjunto de profissionais em face do produto e das consequências do atendimento realizado nas instituições. O produto final de práticas como essas resulta na inviabilização de uma ética comprometida com o atendimento das necessidades dos usuários, mas a parcela de responsabilidade dos profissionais — que passa por várias mediações, inclusive a de denúncia das instituições, conforme previsto no CE — nem sempre é posta em questão, pois em geral é dissolvida no emaranhado disperso de um trabalho que não tem controle sobre a totalidade do processo.

Sobre esses aspectos, o CE de 1993 considerou que o assistente social deve se esforçar para democratizar e desburocratizar os programas e informações institucionais e o acesso a eles, além de buscar estratégias coletivas para tornar públicas as condições de inviabilização do trabalho profissional e de obtenção de direitos, por parte dos usuários:

> Democratizar as informações e o acesso aos programas disponíveis no espaço institucional, como um dos mecanismos indispensáveis à participação dos usuários. (CFESS, 1993, p. 23)

> Contribuir para a criação de mecanismos que venham desburocratizar a relação com os usuários, no sentido de agilizar e melhorar os serviços prestados. (CFESS, 1993, p. 24)

> Denunciar ao Conselho Regional as instituições públicas ou privadas, onde as condições de trabalho não sejam dignas ou possam prejudicar os usuários ou profissionais. (CFESS, 1993, p. 28)

> Denunciar falhas nos regulamentos, normas e programas da instituição em que trabalha, quando os mesmos estiverem ferindo os princípios deste código. (CFESS, 1993, p. 25)

A denúncia tem sido acionada coletivamente pelos assistentes sociais e usuários de forma gradativa, desde a implantação do CE de 1993, o que evidencia a ampliação da consciência ético-política da categoria. Contudo, sabemos que no contexto de desemprego e da precarização da vida e do trabalho, os profissionais, em geral, temem a denúncia pública por razões de sobrevivência. Nesse aspecto é preciso lembrar que as ações individuais têm efetividade restrita; é a capacidade política de articulação interna e externa das equipes de Serviço Social com outros profissionais e com suas entidades que pode reforçar o trabalho nas diferentes áreas de atuação e organizadamente buscar estratégias de enfretamento coletivo. O CE previu:

> Contribuir para a alteração da correlação de forças institucionais, apoiando as legítimas demandas de interesse da população usuária. (CFESS, 1993, p. 26)[5]

> Incentivar, sempre que possível, a prática profissional interdisciplinar. (CFESS, 1993, p. 27)

Quando se trata de encontrar formas de viabilização dos programas e políticas voltadas à população, é fundamental a articulação profissional com a população e sua organização popular, pois os movimentos organizados exercem um papel importante com suas reivindicações e formas de pressão política junto às instituições, na luta pela realização dos seus direitos. O CE contou com esse vínculo entre os

---

5. Alguns exemplos relativos ao CE serão repetidos ao longo do texto por causa da sua abrangência, ou seja, por servirem de referência a diferentes situações.

profissionais e os movimentos sociais quando previu que o assistente social deve:

> Apoiar e/ou participar dos movimentos sociais e organizações populares vinculados à luta pela consolidação e ampliação da democracia e dos direitos de cidadania. (CFESS, 1993, p. 28)

> Contribuir para a viabilização da participação efetiva da população usuária nas decisões institucionais. (CFESS, 1993, p. 23)

O assistente social tem o direito de manter contato direto com a população usuária, junto aos seus locais de moradia e de organização, o que permite estabelecer vínculos com os seus movimentos e apreender as suas demandas. O assistente social detém informações, tem conhecimento sobre os programas que devem ser postos a serviço dos usuários, reforçando o seu poder reivindicatório junto às instituições responsáveis pelas políticas e programas. Sobre isso, o Código determinou os seguintes direitos e deveres do assistente social:

> Ter livre acesso à população usuária. (CFESS, 1993, p. 25)

> Ter acesso às informações institucionais que se relacionem aos programas e políticas sociais, e sejam necessárias ao pleno exercício das atribuições profissionais. (CFESS, 1993, p. 25)

> Respeitar a autonomia dos movimentos populares e das organizações das classes trabalhadoras. (CFESS, 1993, p. 29)

> Devolver as informações colhidas nos estudos e pesquisas aos usuários, no sentido de que estes possam usá-los para o fortalecimento dos seus interesses. (CFESS, 1993, p. 23)

Assim, a articulação política com a população usuária, produto do exercício profissional, permite o adensamento do trabalho na direção do atendimento das necessidades e interesses dela, ao mesmo tempo fortalecendo o posicionamento da equipe profissional na instituição, a partir do respaldo dado pela reivindicação dos movimentos sociais em relação aos programas e serviços.

Essa fértil possibilidade de manter contato direto com a população nem sempre é absorvida em todas as suas potencialidades. Dependendo das formas de recepção e de resposta às suas demandas, a relação direta com a população pode beneficiá-la ou mesmo afastá-la da realização de seus objetivos e necessidades. O atendimento hipotético apresentado a seguir aborda uma situação em que três assistentes sociais divergem sobre o encaminhamento de um caso. Suas divergências são políticas e cada qual apoiada em uma perspectiva teórica diferenciada. Cada encaminhamento, independente da intenção das profissionais, trará consequências para o usuário. Convido o leitor a refletir eticamente sobre essa situação.

A equipe de assistentes sociais de um hospital atendeu um trabalhador que foi espancado gravemente em um confronto entre manifestantes de uma greve e a polícia. Após o seu restabelecimento, a equipe do hospital observou que as sequelas do acidente demandavam um trabalho de acompanhamento psicológico e social, para o qual foram indicadas duas assistentes sociais que, após o serviço, deveriam encaminhar um relatório para o local de trabalho do usuário. A equipe como um todo entendeu que a finalidade do trabalho era o enfrentamento do acidente que havia sido "traumático" para o trabalhador. No entanto, no encaminhamento prático, ficou evidente que cada uma das assistentes sociais responsáveis pelo caso tinha um entendimento diferenciado acerca desse enfrentamento em função de suas convicções políticas, de suas concepções de profissão e visões de mundo. Uma delas, contrária às greves, entendia que o enfrentamento deveria ser direcionado a uma "mudança de valores" do usuário, buscando "conscientizá-lo" de suas responsabilidades no trabalho. A outra, em direção oposta, entendia que a ação profissional deveria ser dirigida a uma reflexão crítica esclarecedora das várias dimensões e sujeitos envolvidos na situação de confronto, de forma que o trabalhador pudesse enfrentá-la conscientemente, buscando resgatar os seus direitos. Como elas não conseguiam chegar a um consenso levaram o caso à equipe, que designou uma terceira profissional para o trabalho. Nem a favor nem contra a greve, sua posição era a de que os problemas apresentados pelo usuário não deveriam ser buscados na situação ocorrida, mas em uma reflexão que levasse ao desvelamento de outras vivências conscientes ou inconscientes do usuário, que pudessem ter contribuído para despertar esse "trauma".

3.3 O compromisso ético-político com os usuários

No processo de implantação do CE de 1993, uma campanha nacional do CFESS/CRESS, dirigida aos usuários, distribuiu cartazes informativos sobre o CE nas instituições prestadoras de serviços sociais, dando visibilidade à defesa dos direitos e dos interesses dos usuários. Essa iniciativa revela o caráter não corporativo do CE, em oposição a tendências históricas das profissões liberais que, com raras exceções, tendem a tratar os seus códigos como instrumentos de defesa de seus interesses profissionais particulares.

De fato, a partir de 1986, os CE do Serviço Social explicitaram que os usuários dos serviços sociais são sujeitos da intervenção profissional, inseridos em sua condição de classe trabalhadora, como afirmou o CE de 1993, ao colocar como um de seus princípios fundamentais a defesa da "Ampliação e consolidação da cidadania, considerada tarefa primordial de toda sociedade, com vistas à garantia dos direitos civis sociais e políticos das classes trabalhadoras" (CFESS, 1993, p. 15).

Não se trata de uma indicação formal: a totalidade do CE objetivou responder aos direitos e necessidades do usuário, constituindo-se num instrumento para a sua reivindicação, no caso de ele não ser atendido adequadamente por um assistente social. Assim, com o conhecimento do CE, os usuários (ou qualquer indivíduo) podem recorrer aos Conselhos Regionais, solicitando a abertura de um processo caso tenham a comprovação de uma infração prevista no CE.

Observa-se que após 1993 passaram a ocorrer denúncias de usuários, como mostrou, por exemplo, o estudo de Neide Fernandes (2004) sobre as denúncias éticas encaminhadas ao Conselho Regional: Região/ SP (CRESS-SP) entre 1993 e 2000. De 77 denúncias recebidas nesse período, a maior parte foi feita por usuários e colegas (Fernandes, N., 2004, p. 159): do total das 77 denúncias, 22 foram movidas por usuários; 16 por colegas de trabalho. Das 77 denúncias, 44 se transformaram em processos éticos; destes, 12 eram de usuários. Das 28 denúncias que foram arquivadas preliminarmente, não se transformando em processos, 9 foram encaminhadas por usuários, representando a categoria que mais enviou denúncias.

Quantos aos motivos das denúncias, a pesquisadora assinala:

A maior parte dessas denúncias refere-se ao relacionamento do assistente social com os usuários na prestação dos seus serviços. Com base na alegação dos denunciantes, verificamos diversas posturas de desrespeito aos direitos dos usuários: omissão na prestação dos serviços; tendenciosidade na elaboração de parecer para a guarda de criança; displicência na forma de efetuar encaminhamentos, não resguardando a dignidade do usuário; tentativa de convencimento, junto a familiares, para que os funcionários deixassem de fazer greve; humilhação a usuário, duvidando da sua declaração de renda; recusa e negligência no atendimento; uso do tempo de trabalho para desempenhar funções incompatíveis com a área de atuação. (Fernandes, N., 2004, p. 150)

Quanto aos motivos do arquivamento, Neide Fernandes comentou:

Herdeiros que somos de uma história recente marcada pela ditadura militar, não nos é fácil o exercício cultural da denúncia, da exigência de um tratamento adequado e digno, principalmente a população que se utiliza, muitas vezes, para a sua sobrevivência, dos serviços públicos, os quais lhes são prestados, historicamente, como benevolência e não direito. Para muitas pessoas, a relação com a prestação desses serviços se dá como um favor ou uma "bênção", logo, não se pode "exigir muito", já que o sentimento é que se está "recebendo de graça mesmo". Imaginemos, então, como não é difícil para a população usuária transpor essa arraigada e nefasta cultura da subserviência, colocando-se como sujeito de direitos e exigindo cidadania, mesmo que a mais básica. Sem citar as dificuldades para se redigir uma denúncia ou qualquer outro documento, pois, como é sabido, somos um país de analfabetos e semianalfabetos em grande proporção. (Fernandes, N., 2004, p. 140)

A objetivação ética do compromisso com os usuários supõe uma postura responsável e respeitosa em relação às suas escolhas, mesmo que elas expressem valores diversos dos valores pessoais do profissional. Esse aspecto merece uma reflexão. Vimos que, conforme o CE de 1993, as decisões contrárias aos valores e crenças pessoais do profissional apresentadas pelos usuários devem ser respeitadas democraticamente:

> Garantir a plena informação e discussão sobre as possibilidades e consequências das situações apresentadas, respeitando democraticamente as decisões dos usuários, *mesmo que sejam contrários aos valores e às crenças individuais dos profissionais,* resguardados os princípios deste Código. (CFESS, 1993, p. 23)

Entretanto, sabemos que o assistente social se depara em seu trabalho com diferentes formas de desrespeito aos direitos humanos, podendo colocar conflitos ético-morais aos profissionais se a prescrição ética do Código não for entendida corretamente. Como está explicitado no dever *supra*, o respeito democrático às decisões dos usuários está subordinado ao *resguardo dos princípios* do CE, que se estrutura em função da defesa da liberdade, da democracia e dos direitos humanos. Práticas de tortura, agressões, maus-tratos, violência sexual, física e psicológica, entre outras, não podem ser "toleradas", conforme o CE:

> Denunciar, no exercício da profissão, às entidades de organização da categoria, às autoridades e aos órgãos competentes, casos de violação da Lei e dos Direitos Humanos, quanto a: corrupção, maus-tratos, torturas, ausência de condições mínimas de sobrevivência, discriminação, preconceito, abuso de autoridade individual e institucional, qualquer forma de agressão ou falta de respeito à integridade física, social e mental do cidadão. (CFESS, 1993, p. 28)

No entanto, isso não significa negar atendimento aos usuários que tenham praticado atos que firam os princípios da ética profissional. O dever ético-político de assumir um posicionamento em face dos usuários e das situações que se apresentam no cotidiano do trabalho profissional não pode impedir a realização do atendimento, pois todos os sujeitos têm direito aos serviços sociais oferecidos pelas instituições. Isso vale especialmente para os profissionais que atuam em presídios, em instituições fechadas e no trabalho com questões que envolvem situações-limite.

A *não conivência* com a violação dos princípios da ética profissional tem dimensões diversas de acordo com as relações e com os níveis de inserção dos sujeitos na instituição, supondo encaminhamentos diferenciados. Quando o desrespeito ao CE é realizado por colega a relação é diversa da estabelecida entre o profissional e os usuários. Na relação entre colegas de profissão e entre eles e as instituições existem formas de enfrentamento da questão da violação de direitos que passam por encaminhamentos junto à equipe, aos Conselhos profissionais, sob a forma de discussão, de prevenção, de denúncia, entre outras.

No relacionamento com os usuários, as violações aos DH e aos princípios da ética profissional são objeto do trabalho profissional; logo, o profissional deve dar prosseguimento ao atendimento ou encaminhar para tal, contribuindo para o enfrentamento profissional dessas questões. Entendidas como parte constitutiva das demandas postas ao Serviço Social em uma conjuntura de barbarização da vida, essas manifestações não podem ser simplesmente negadas; seu enfrentamento profissional requer um conhecimento teórico, uma preparação técnica e um investimento político junto aos usuários, no sentido de difusão de uma cultura de valorização dos direitos humanos e de resgate da cidadania.

Do ponto de vista ético, deve existir um posicionamento objetivo do profissional em relação à violação dos DH: é *parte do trabalho profissional discutir criticamente* com o usuário sobre a situação, não se omitindo frente a ela quando a situação representar *violações aos princípios que regem o CE.*

Analistas como Wacquant (2001, 2007) e Batista (2003) têm apontado para a presença do *Estado policial*, nos Estados Unidos e no Brasil: fenômeno que busca responder ao aumento da criminalidade decorrente da miséria material e espiritual e das desigualdades que se aprofundam desde as últimas décadas do século XX. Esse clima de violência é gerador do que Jurandir Freire Costa (1993) chama de *medo social:* sentimento que invade a subjetividade dos indivíduos, gerando atitudes de negação de valores coletivos como a solidariedade, incentivando comportamentos individualistas de desconfiança dos outros, orientados por preconceitos e discriminações.

Os leitores devem se lembrar do impacto e do sucesso do filme *Tropa de elite* junto à sociedade brasileira. Vários analistas sociais observaram que, em parte, o sucesso do filme foi por causa da sua identificação com o imaginário de parte da sociedade que — absorvida pelo *medo social* — está convicta de que o crime e a brutalidade são inevitáveis e que só o *uso da força policial* é capaz de resolver a questão do narcotráfico (Barroco, 2008).

Essa visão que permeia o imaginário social é movida pelo *preconceito com o outro* que é visto — de forma genérica — como *bandido em potencial* — seja ele um favelado, uma criança de rua, um pobre, um negro, seja qualquer um que esteja se comportando de "forma suspeita", "malvestido", fora do "seu lugar". Pois, como diz Costa, se a violência está em todo lugar, há que nomeá-la e dar-lhe uma visibilidade imaginária (Costa, 1993, p. 86; Barroco, 2008, 2011a).

No Brasil, certos canais de comunicação, como rádio, TV, revistas, jornais, consolidam a violência e o medo social ao veicular, de formas sensacionalistas e ideologizadas, casos de violência, enfatizando o perigo, a necessidade do uso da força, o poder dos "bandidos", em análises moralistas que reforçam tendências de defesa da pena de morte, do Estado policial, do uso de armas pela população etc.

O Serviço Social convive com essas manifestações; pode ser influenciado por processos de alienação que resultam em intolerâncias, preconceitos, discriminações e violações de direitos, em diversos níveis. Em seguida apresento duas situações hipotéticas para reflexão:

O assistente social *E* trabalha em uma instituição pública que atende usuários que recebem benefícios governamentais. Uma usuária, conhecida por toda a equipe, comparece todos os meses para receber o benefício a que tem direito por estar desempregada. Uma tarde, *E* saiu mais cedo do trabalho para ir ao médico e encontrou a usuária vendendo CDs na rua. Indignado com o comportamento moral da beneficiária, *E* não teve dúvidas em denunciá-la, requerendo imediatamente a suspensão de seu benefício. Seus colegas discordaram alegando que ele não estava no trabalho, que encontrou com a usuária por acaso, que ele sabe que a usuária é mãe solteira, portanto não consegue trabalho e não pode viver com o pouco que recebe do benefício, precisando fazer "bicos" para sobreviver. Afinal, disse seu colega, "ela não estava cometendo nenhum crime! Só estava trabalhando!". *E*, no entanto, estava seguro de sua decisão, como disse ao colega: "Minha deliberação está baseada em meus princípios éticos. Quem me garante que ela não seja uma criminosa. Quem mente uma vez, meu amigo, não merece mais confiança!".

A assistente social *B* atendeu uma usuária que solicitou ajuda de uma passagem de ônibus de São Paulo para São Luís do Maranhão, para ver a sua mãe que estava no hospital, em estado de coma. *B* deixou de fornecer o auxílio porque durante o atendimento notou que a usuária levava uma revista embaixo do braço e cigarros em seu bolso. *B* comentou com sua colega que o que mais a incomodou foi o fato da usuária gastar dinheiro com revistas e cigarros. A colega ainda argumentou que a revista poderia ser emprestada, e que o cigarro é uma escolha e uma dependência que não pode ser julgada dessa forma. Mas *B* estava irredutível: "Quem gasta dinheiro com bobagens e não tem força de vontade para largar o vício, não precisa de ajuda".

Essas situações mostram que necessidades sociais podem ser negadas em nome do preconceito e de atitudes policialescas, contrárias ao que o CE previu:

> É dever do assistente social [...] abster-se, no exercício da profissão, de práticas que caracterizem a censura, o cerceamento da liberdade, o poli-

ciamento dos comportamentos, denunciando sua ocorrência aos órgãos competentes. (CFESS, 1993, p. 21)

É vedado ao assistente social [...] bloquear o acesso dos usuários aos serviços oferecidos pelas instituições, através de atitudes que venham coagir e/ou desrespeitarem aqueles que buscam o atendimento de seus direitos. (CFESS, 1993, p. 24)

3.4 O sigilo profissional

O sigilo profissional é um dos aspectos mais polêmicos dos Códigos de Ética. Ele não envolve apenas o que é confiado ao profissional pelo usuário; é parte da ética profissional a preservação do usuário de todas as informações que lhe digam respeito, mesmo que elas não lhe tenham sido reveladas diretamente.

Em relatos acerca desses espaços de trabalho, observa-se a ocorrência de comentários de descaso sobre os pacientes, desrespeitando o sigilo profissional e expondo a sua vida privada, ou, no exemplo a seguir, expondo publicamente a sua doença:

Um caso que exemplifica bem essa situação é a de um cliente portador do vírus HIV que, após ter recebido alta hospitalar, retornou ao tratamento ambulatorial para receber suas doses de drogas antirretrovirais. Ninguém que o encontrasse no ambulatório aguardando uma consulta de rotina precisaria saber do seu diagnóstico, mas um profissional ao vê-lo na fila do atendimento disse: "Ei, o senhor aí, a medicação da Aids não vai ser distribuída hoje porque não chegou; pode sair da fila". (Sant'anna e Ennes, 2006, p. 62)

Nessa linha de posicionamento ético, além dos deveres e proibições citados, o CE estabeleceu a seguinte proibição: "Exercer sua autoridade de maneira a limitar ou cercear o direito do usuário de participar e decidir livremente sobre seus interesses" (CFESS, 1993, p. 24).

Com o desenvolvimento da tecnologia, surgem novas questões éticas em relação ao sigilo profissional. Atualmente, através de *e-mail*, uma cópia criptografada e assinada eletronicamente, gerada a partir de uma chave pública do médico solicitante, pode ser enviada pelo hospital a outro hospital e o médico solicitante pode decodificar o documento com a sua chave privada (Coutinho, Arnaldo 2006, p. 70-71).

Essa facilidade de transferência de dados sigilosos por meios virtuais coloca questões éticas em relação à possibilidade de quebra do sigilo ou de manipulação de dados por terceiros. Na circulação eletrônica de documentos de um hospital, por exemplo, os prontuários dos usuários são acessíveis aos diversos profissionais: médicos, enfermeiros, assistentes sociais, técnicos e auxiliares de enfermagem, fisioterapeutas, nutricionistas, técnico de laboratório e radiologia, faturista, auditores, entre outros (Sant'anna e Ennes, 2006, p. 65).

O sigilo profissional é parte de todas as profissões liberais e sua polêmica decorre da possibilidade da quebra do sigilo, pois coloca dúvidas acerca de sua justificação, em outras palavras: em quais situações seria correto quebrar o sigilo? O CE coloca que essa alternativa é justificável quando: "Se tratarem de situações, cuja gravidade possa, envolvendo ou não, fato delituoso, trazer prejuízos aos interesses do usuário, de terceiros e da coletividade" (Sant'anna e Ennes, 2006, p. 30).

O Código não pode prever todas as situações e cada caso deve ser avaliado de acordo com os pressupostos e valores do CE, sugerindo-se que a avaliação seja feita coletivamente pela equipe profissional. Mesmo assim, trata-se de uma questão que gera polêmicas, discussões, como toda questão ética. Uma das mais recorrentes tem sido a questão do sigilo profissional em relação aos portadores de HIV que não desejam revelar à família.

A situação do portador do vírus do HIV consta do CE médico, prevendo-se o dever de guardar sigilo profissional. Entre os assistentes sociais, alguns entendem que esse caso justificaria a quebra do sigilo, pois a relação do(a) portador(a) com o(a) parceiro(a) estaria colocando em risco a vida do outro. Outros consideram que não, pois existem outras formas de encaminhamento, como, por exemplo, o uso do preservativo, que é, inclusive, uma prática a ser incentivada para todos, portadores ou não.

Os profissionais que trabalham em instituições fechadas, como, por exemplo, prisões, casas de abrigo para crianças e adolescentes, entram constantemente em conflito com questões de sigilo profissional. Isso porque têm contato com planos de fuga, delitos, relatos de maus-tratos, tortura, entre outros. De fato, trata-se de um trabalho que convive com tensões permanentes e requer uma avaliação cuidadosa de cada caso, o que deve ser feito em equipe, resguardado o sigilo profissional. No entanto, é preciso lembrar que o assistente social *não pode confundir o seu trabalho com o trabalho da polícia ou de aceitar atribuições de segurança nessas instituições*, advertindo mais uma vez do dever inscrito no CE:

> Abster-se, no exercício da profissão, de práticas que caracterizem a censura, o cerceamento da liberdade e o policiamento dos comportamentos, denunciando sua ocorrência aos órgãos competentes. (Sant'anna e Ennes, 2006, p. 21)

É mais do que comum que a própria instituição demande esse trabalho "policialesco" do assistente social, por exemplo, solicitando que ele participe da censura da correspondência dos presos, ou outras exigências institucionais que são de responsabilidade da segurança prisional. Cabe ao profissional saber o seu papel e recusar atribuições que não são do Serviço Social, o que tem sido feito em inúmeras práticas comprometidas eticamente, no confronto com o conservadorismo institucional. Como afirmei, isso depende de um trabalho de equipe, em articulação com outras forças dentro e fora da instituição (outros profissionais, entidades etc.).

De acordo com o CE, é vedado ao assistente social: "Acatar determinação institucional que fira os princípios e diretrizes deste Código" (CFESS, 1993, p. 22).

Nessas mesmas instituições podem ocorrer sérias situações envolvendo a questão do sigilo, quando em face da revelação de graves situações de violação de direitos humanos, de violência e de abusos sofridos pelos usuários o sigilo é mantido, permitindo-se que essas práticas continuem a existir. Nesses casos, infelizmente existentes, o sigilo acaba servindo para proteger os profissionais e não os usuários.

3.5 Solidariedade e respeito crítico

As relações profissionais, seja com colegas, outros profissionais, seja com usuários, são pautadas pelos mesmos princípios e valores — *autonomia, respeito, solidariedade, responsabilidade, não discriminação, não autoritarismo* — e devem mediar o comportamento do assistente social em todas as situações, de acordo com o CE. Como já afirmamos, isso não exclui uma postura crítica e posicionamentos de valor em relação a todas as situações que expressarem uma negação aos princípios e diretrizes do CE. Assim, o profissional deve:

> Respeitar as normas e princípios éticos das outras profissões. (CFESS, 1993, p. 23)

> Ser solidário com outros profissionais, sem, todavia, eximir-se de denunciar atos que contrariem os postulados éticos contidos neste Código. (CFESS, 1993, p. 22)

Ser solidário implica considerar o *outro* como companheiro de trabalho, não excluí-lo das decisões, o que vale principalmente para as relações de hierarquia institucionais: relações de poder que podem ser exercidas de forma democrática ou autoritária. No que tange a suas relações com colegas, isso implica, entre outros, nas seguintes proibições:

> Substituir profissional que tenha sido exonerado por defender os princípios da ética profissional, enquanto perdurar o motivo da exoneração, demissão ou transferência. (CFESS, 1993, p. 22)

> Pleitear para si ou para outrem emprego, cargo ou função que estejam sendo exercidos por colega. (CFESS, 1993, p. 22)

Intervir na prestação de serviços que estejam sendo efetuados por outro profissional, salvo a pedido desse profissional; em caso de urgência, seguido da imediata comunicação ao profissional, ou quando se tratar de trabalho multiprofissional e a intervenção fizerem parte da metodologia adotada. (CFESS, 1993, p. 27)

Prejudicar deliberadamente o trabalho e a reputação de outro profissional. (CFESS, 1993, p. 28)

Porém, isso não exclui denúncias em situações que firam o CE, pois é vedado ao assistente social:

Ser conivente com condutas antiéticas, crimes e contravenções penais na prestação de serviços profissionais, com base nesse Código, mesmo que sejam praticadas por outros profissionais. (CFESS, 1993, p. 21-22)

Na pesquisa de Neide Fernandes (2004), de um total de 44 denúncias que se tornaram processos no CRESS/SP, cinco tiveram suas infrações éticas confirmadas, sendo decorrentes de:

Adulteração de documentos pelo assistente social objetivando cumprir os requisitos para ocupar uma vaga de trabalho; quebra de sigilo profissional; discriminação a usuário portador de uma determinada doença; perseguição política pela chefia; comportamento desrespeitoso para com a equipe de trabalho; parecer com conteúdo moralista. (Fernandes, N., 2004, p. 157)

Sobre outras denúncias, a autora comenta:

Há também conflitos envolvendo o trabalho em equipe, expressando posturas seriamente desrespeitosas para com os colegas, com divulgação pública de críticas destrutivas e postura discriminatória em relação a estagiário. Há denúncias embasadas em alegações de manobras, por parte do assistente social, para destituir dos seus cargos, por exemplo, outro profissional e um representante de um dado órgão de controle social, substituindo-os em seguida. (Fernandes, N., 2004, p. 141)

Nesse aspecto, o CE de 1993 prescreveu os seguintes *deveres:*

Repassar ao seu substituto as informações necessárias à continuidade do trabalho. (CFESS, 1993, p. 26)

Mobilizar sua autoridade funcional, ao ocupar uma chefia, para a liberação de carga horária de subordinado, para fim de estudos e pesquisas que visem o aprimoramento profissional, bem como de representação ou delegação de entidade de organização da categoria e outras, dando igual oportunidade a todos. (CFESS, 1993, p. 26)

É vedado ao assistente social [...] Prevalecer-se de cargo de chefia para atos discriminatórios e de abuso de autoridade. (CFESS, 1993, p. 26)

A crítica pública e a denúncia envolvendo colegas de profissão são alterações que distinguem os Códigos de Ética: os três Códigos anteriores a 1986 afirmaram o dever de agir de forma imparcial, como vemos a seguir quanto às relações com a justiça, em 1975 e 1993:

Agir, quando perito, com isenção de ânimo e imparcialidade, limitando seu pronunciamento a laudos pertinentes à área de suas atribuições e competências. (CFAS, 1975, p. 18)

Apresentar à Justiça, quando convocado na qualidade de perito ou testemunha, as conclusões de seu laudo ou depoimento, sem extrapolar o âmbito da competência profissional e violar os princípios éticos contidos neste Código. (CFESS, 1993, p. 30)

4
Ética, trabalho e formação profissional

O Serviço Social dispõe de uma rica literatura acerca das condições de trabalho do assistente social na atual conjuntura. Como todo trabalhador assalariado, esse profissional vivencia o desemprego, a exploração do trabalho, sua precarização e desregulamentação, a criação de atividades temporárias, sem segurança, sem benefícios, com a instituição de novos cargos e funções técnicas similares às praticadas pelo Serviço Social. Quem não se submete às regras da alta exploração do trabalho é substituído sem grandes esforços, tendo em vista as necessidades de sobrevivência dos trabalhadores. Nesses casos, o CE de 1993 previu que são infrações disciplinares:

> Compactuar com o exercício ilegal da Profissão, inclusive nos casos de estagiários que exerçam atribuições específicas, em substituição aos profissionais. (CFESS, 1993, p. 22)

> Exercer a profissão quando impedido de fazê-lo, ou facilitar, por qualquer meio, o seu exercício aos não inscritos ou impedidos. (CFESS, 1993, p. 22)

> Emprestar seu nome e registro profissional a firmas, organizações ou empresas para simulação do exercício efetivo do Serviço Social. (CFESS, 1993, p. 26)

Usar ou permitir o tráfico de influência para obtenção de emprego, desrespeitando concurso ou processos seletivos. (CFESS, 1993, p. 26)

Substituir profissional que tenha sido exonerado por defender os princípios da ética profissional, enquanto perdurar o motivo da exoneração, demissão ou transferência. (CFESS, 1993, p. 22)

Pleitear para si ou para outrem emprego, cargo ou função que estejam sendo exercidos por colega. (CFESS, 1993, p. 22)

Assumir responsabilidade por atividade para as quais não esteja capacitado pessoal e técnica e teoricamente. (CFESS, 1993, p. 22)

O Código contemplou diversos direitos que podem servir de fundamentação para a defesa ética dos profissionais em casos frequentes de processos administrativos movidos em razão de desacato a determinação institucional que esteja ferindo os princípios do CE. Constituem os principais direitos do assistente social:

- garantia e defesa de suas atribuições e prerrogativas, estabelecidas na Lei de Regulamentação da Profissão e dos princípios firmados do CE;
- livre exercício das atividades inerentes à Profissão;
- participação na elaboração e gerenciamento das políticas sociais, e na formulação e implementação de programas sociais;
- inviolabilidade do local de trabalho e respectivos arquivos e documentação, garantindo o sigilo profissional;
- desagravo público por ofensa que atinja a sua honra profissional;
- aprimoramento profissional de forma contínua, colocando-o a serviço dos princípios do CE;
- pronunciamento em matéria de sua especialidade, sobretudo quando se tratar de assuntos de interesse da população;
- ampla autonomia no exercício da Profissão, não sendo obrigado a prestar serviços profissionais incompatíveis com as suas atribuições, cargos ou funções;
- liberdade na realização de seus estudos e pesquisas, resguardados os direitos de participação de indivíduos. (CFESS, 1993, p. 20-21)

O processo de construção do PEP é marcado por um desenvolvimento fantástico da capacidade intelectual da profissão: é evidente o seu amadurecimento no campo da pesquisa, da produção teórica, da interlocução crítica com outras áreas do conhecimento.[1] Esse acúmulo permitiu avanços significativos na formação profissional por meio das reformulações curriculares (ABEPSS, 1983-1996) e do direcionamento social dos cursos de Serviço Social, colocando no mercado de trabalho gerações de profissionais competentes e afinados com os pressupostos da ética profissional.

Ao mesmo tempo, tem se manifestado uma tendência que — operando em direção contrária — enfraquece conquistas históricas e empobrece a formação profissional de centenas de jovens: a criação aleatória de várias modalidades de cursos de Serviço Social, realizadas em condições precárias, sem garantias de articulação entre o ensino e a pesquisa, sem atender a exigências da reflexão crítica e do rigor científico, expressando tendências de acomodação das instituições à lógica do mercado, com a transformação da educação em uma mercadoria voltada exclusivamente à obtenção do lucro (Barroco, 2010a, 2011a; Leher, 2011).

É evidente que uma formação nessas condições fragiliza as potencialidades dos futuros assistentes sociais, que tendem a ingressar no mercado de trabalho de forma subalterna, sem apreender e desenvolver as possibilidades de uma prática mais enriquecedora, do ponto de vista dos valores e finalidades postos pelo CE.

Anteriormente me referi à reflexão ética, dizendo que ela é fundamental porque permite indagar criticamente sobre o significado dos valores, sobre a própria realidade, pondo em questão preconceitos, formas de ser que podem não estar mais correspondendo às necessidades e desejos do presente. Citando o CE, informei que a reflexão ética está articulada à competência profissional (Rios, 1993). Disse também que esse tipo de reflexão — por ser crítica e valorativa — não pode ser feita de qualquer forma. O que seria isso?

---

1. Sobre a relação da ética profissional com o campo da Bioética ver as teses de doutorado de Luciana Melo (2009) e Helder Sarmento (2000).

Uma reflexão crítica e valorativa não é um *monólogo subjetivo* do sujeito consigo mesmo. Ela é principalmente um *diálogo socialmente construído* na inter-relação com outros sujeitos e suas vivências, daí a necessidade fundamental da presença dos outros na construção da reflexão em todo o processo. Determinadas formas de capacitação que tem se desenvolvido no contexto da mercantilização do conhecimento através da utilização de meios virtuais têm contribuído para retirar do ensino essa possibilidade *interativa* que exige a presença do *outro*.

Cursos a distância, salas de discussão virtual, leituras virtuais, entre outras, são algumas das formas de reprodução do individualismo contemporâneo: o indivíduo isolado diante de uma máquina se comunicando com imagens e ideias que substituem as relações humanas por relações entre objetos e ideias abstratas. A troca entre ideias e a possibilidade de uma real interconexão entre vivências e emoções deixam de ser vivenciadas, sentidas, internalizadas, processadas, dialetizadas. O que ocorre é um "processo" linear, individualista: a recepção de ideias prontas virtualmente codificadas por um indivíduo isolado que as incorpora ou não de acordo com a sua interpretação subjetiva (Barroco, 2011).

Como refletir sobre escolhas e conflitos éticos sem a interlocução coletiva? Como encontrar estratégias de encaminhamento de impasses éticos diante de problemas que se apresentam no cotidiano do exercício profissional sem uma discussão aprofundada sobre os valores e o significado da ética profissional? Sem discutir com os outros? A reflexão não envolve apenas o pensamento, a comunicação não requer apenas a linguagem verbal: trata-se de uma troca entre homens inteiros que se comunicam e interrogam sobre suas mais amplas formas de ver, sentir, perceber, expressar a realidade. Quando falo em crítica radical me refiro a um conhecimento que seja capaz de pôr em movimento todos esses sentidos e capacidades humanas (Cortella; La Taille, 2005).

No entanto, a utilização dos meios virtuais pode ser extremamente importante para o trabalho profissional, permitindo o desenvolvimento de inúmeras formas de criatividade, além das já utilizadas. Vê-se que um mesmo instrumento pode servir à alienação e à criatividade, dependendo da forma como é utilizado.

A materialização do CE supõe uma capacitação que se inicia durante a formação profissional, nos cursos de graduação, estendendo-se para outros estágios. Logo, a compreensão da centralidade da ética (Barroco; Brites, 2000) no currículo é fundamental, merecendo especial atenção a sua relação com as demais disciplinas. Quanto ao estágio supervisionado,[2] o CE previu que o profissional tem o dever de: "Informar, esclarecer e orientar os estudantes, na docência ou supervisão, quanto aos princípios e normas contidas neste Código" (CFESS, 1993, p. 31).

E colocou como infração disciplinar:

> É vedado ao assistente social [...] Permitir ou exercer a supervisão de aluno de Serviço Social em Instituições Públicas ou Privadas que não tenham em seu quadro assistente social que realize acompanhamento direto ao aluno estagiário. (CFESS, 1993, p. 22)

A formação profissional e a pesquisa supõem o trabalho criativo, a autonomia intelectual, a competência teórico-metodológica fundada em conhecimentos críticos, visando à capacidade de desvelar objetivamente a realidade social em sua essência histórica. Segundo os pressupostos do CE, o ensino e a pesquisa devem estar dirigidos por um compromisso ético-político com a objetivação de conhecimentos e de valores que possam contribuir para a ampliação dos direitos, da liberdade, da justiça social, da democracia, pretendendo dar visibilidade às particularidades e às possibilidades de intervenção profissional nessa direção.

A formação, a capacitação e o exercício profissional dispõem de recursos nem sempre utilizados pelos assistentes sociais: recursos pedagógicos que podem ser usados em salas de aula, em cursos de aprimoramento, assim como no trabalho com a população. Estou me referindo ao uso de referências artísticas buscadas na música, no teatro,

---

2. Após 1993, o CFESS deliberou sobre diversas questões que deverão ser objeto de discussão de Sylvia Helena Terra neste livro, entre elas a questão do estágio. Sobre isso consultar CFESS (2011b).

no cinema, na literatura, por exemplo, para a discussão da ética e de outros temas. No exercício profissional, temos possibilidades enriquecedoras de trabalhar com a população por meio da arte, realizando atividades voltadas à criação coletiva do teatro, criação de jornais com poesias, relatos da vida cotidiana, elaboração de vídeos, cineclube etc.

Essas e outras possibilidades revelam a importância da interlocução com outras áreas e dimensões da realidade; a necessidade de pensar a profissão em sua articulação com a cultura e a história; de participar da vida cultural ampliando a capacidade de se conectar com motivações que exigem a suspensão da cotidianidade e a apreensão das conquistas do gênero humano. A arte é uma das atividades que mais aproxima o indivíduo dessas possibilidades (Lukács, 1966); por isso a importância desse recurso no trabalho profissional e na formação e capacitação profissional.

4.1 Ética e pesquisa

A formação profissional se articula a questões éticas relacionadas à pesquisa. O assistente social também atua como docente e pesquisador: espaço de qualificação, reflexão e produção de conhecimento específico sobre a profissão e a sociedade, sobre as questões que vivencia em seu cotidiano. A ética perpassa por toda a pesquisa, no cuidado com o tratamento dos dados de realidade; no respeito às fontes de conhecimento que utiliza para a pesquisa, na postura ética diante do produto final e da sua utilização social, finalidade de toda pesquisa que busca — de alguma forma — intervir em uma dada realidade.

Como pesquisador, o assistente social pode se inserir em diferentes níveis de pesquisa, desenvolvidas em instituições acadêmicas e outras instituições, públicas e privadas, em ONGs, entidades de classe, em projetos nacionais e internacionais, com equipes multiprofissionais, investigando questões que se articulam às suas áreas de interesse como: saúde, habitação, meio ambiente, movimentos sociais, trabalho, direitos humanos etc.

No Brasil, de acordo com as normas da pesquisa científica, instituídas pela Resolução n. 196/96, toda pesquisa com seres humanos exige que o participante seja informado sobre ela e decida, com autonomia, sobre a sua participação, devendo assinar o Termo de Consentimento Livre e Esclarecido (TCLE).[3]

Com a instituição dessa Resolução, foi criada a *Comissão Nacional de Ética em Pesquisa* (Conep), surgindo uma nova demanda para todos os centros de pesquisa no Brasil, incluindo hospitais, universidades e centros de pesquisa, no sentido de instituírem *Comitês de Ética em Pesquisa* (CEPs) para acompanhar todas as pesquisas que envolvam seres humanos. Por isso, o CE de 1993 também considerou como direito do assistente social:

> Integrar comissões interdisciplinares de ética nos locais de trabalho do profissional, tanto no que se refere à avaliação da conduta profissional como em relação às decisões quanto às políticas institucionais. (CFESS, 1993, p. 25)

A experiência investigativa e a vivência em Comitês de Ética são espaços em que a ética se objetiva por meio de mediações que exigem posicionamentos e respostas profissionais. Na relação do pesquisador com os participantes da pesquisa, nas questões postas pela própria pesquisa vão se desvelando novas perguntas, cujas respostas levam a novas mediações materiais ou ideais. Sua realização pode ter como resultado a objetivação de um valor, de uma prática, de um direito, enfim, de algo valoroso do ponto de vista ético e político; mas também pode resultar em uma resposta que oculte as contradições reveladas e não materialize valores éticos tidos como positivos, constituindo-se em uma prática negadora de um valor ou de um direito.

---

3. O "Termo de Consentimento Livre e Esclarecido" (TCLE) é parte da Resolução n. 196/96 que criou a Comissão Nacional de Ética em Pesquisa (Conep) instituindo as Diretrizes e Normas Regulamentadoras de Pesquisas e envolvendo a pesquisa com seres humanos. Cabe ressaltar que a fundamentação filosófica que serve de base à Resolução n. 196/96, orientada pela Teoria Principialista norte-americana, difere da orientação ontológico-social do CE profissional. Sobre isso ver Barroco (2005).

Assim, toda pesquisa deve contar com o TCLE e com cuidados éticos em relação à coleta e manuseio dos dados colhidos. A ética na pesquisa[4] exige o respeito aos participantes, a preservação de suas informações e o sigilo profissional para que eles não sofram danos morais, socioeconômicos e políticos. Algumas pesquisas exigem o uso de prontuários e a troca de informação entre as equipes multiprofissionais. Com o desenvolvimento da tecnologia, surgem novas questões éticas em relação ao sigilo profissional, uma vez que dados sigilosos podem ser disponibilizados em meios virtuais e a quebra de sigilo ou de manipulação de dados por terceiros pode trazer danos aos participantes: discriminações, problemas psicológicos e socioeconômicos (Sant'anna e Ennes, 2006; Dhai, 2008).

Nesse sentido, analistas recomendam que os dados virtuais sejam protegidos com códigos, que o acesso a eles seja registrado, principalmente informações sobre o uso de drogas ilícitas e lícitas, sobre orientação sexual etc. Também é recomendável o cuidado com a realização de *grupos focais*, no sentido de garantia de proteção da privacidade dos sujeitos envolvidos (Dhai, 2008, p. 143).

Nas pesquisas acadêmicas, os pesquisadores do Serviço Social, em geral, escolhem como participantes da pesquisa colegas de profissão, outros profissionais vinculados a instituições públicas e privadas, a população usuária dos serviços sociais, ou grupos subalternos excluídos desses serviços. Se por um lado essa é uma das possibilidades de enriquecimento intelectual da profissão, por meio do conhecimento do trabalho profissional, dos serviços e das políticas sociais, dos modos de vida da população, por outro pode trazer uma série de danos aos participantes.

Nesse aspecto surgem questões éticas importantes para serem apreendidas pelo profissional. Por exemplo, o fato de que determinadas populações consideradas "vulneráveis" são alvo de pesquisas científicas, tais como presos, portadores de deficiências, idosos, entre outros. Por isso é fundamental que seja assegurado que o consenti-

---

4. Sobre a ética na pesquisa ver Barroco (2005, 2009a, 2010a) e Cortella (2002).

mento não seja tratado apenas como um documento formal, mas seja, de fato, garantido em todo o processo, criando condições para o seu acompanhamento, privacidade e proteção. No CE consta:

> Informar a população usuária sobre a utilização de materiais de registro áudio visual e pesquisas a elas referentes e a forma de sistematização dos dados obtidos. (CFESS, 1993, p. 25)

Uma forma de garantir a visibilidade do produto final das pesquisas desenvolvidas junto à população é a sua *devolução aos sujeitos envolvidos*, conforme foi previsto no CE:

> Devolver as informações colhidas nos estudos e pesquisas aos usuários, no sentido de que estes possam usá-los para o fortalecimento de seus interesses. (CFESS, 1993, p. 25)

A questão dos danos produzidos pela pesquisa é relevante quando tratada em função da população usuária dos serviços sociais e dos grupos subalternos, pois dependendo da forma como a pesquisa é conduzida pode haver dificuldades de comunicação, desrespeito em face de diferenças culturais, intromissão na sua intimidade, exposição de suas carências econômicas, sociais, culturais sem nenhum retorno que as justifique perante a população. Muitas pesquisas sociais, não apenas no Serviço Social, "não trazem nenhum benefício imediato à população" (Schneider e Schuklenk, 2008, p. 167).

O conhecimento teórico envolvido na pesquisa é fundamental para a sua viabilidade: uma pesquisa baseada em uma apreensão imediata, que não apreenda as contradições e mediações que envolvem o objeto ou que tratem o objeto a partir de categorias criadas aleatoriamente, categorias que não existem objetivamente, pode incorrer em erros de interpretação, conduzindo a resultados que — ao invés de desvelar a realidade — ocultam os seus processos e determinações (Barroco, 2010a).

As formas de realização da pesquisa, de tratamento dos dados ou dos instrumentos de pesquisa também podem trazer danos aos participantes: por exemplo, quando o pesquisador omite informações sobre o pesquisado de forma que ressalte o foco de seu trabalho ou quando os questionários colocam questões que não são relevantes para o entrevistado, ou questões que nunca foram objeto de sua reflexão. A pesquisa pode concluir que ele desconhece o assunto, no limite que expressa processos de alienação, de despolitização, quando, na verdade, o resultado poderia ser outro, caso ele tivesse mais tempo para pensar ou se as perguntas fossem feitas de forma diferente. Quais as implicações teóricas, éticas e políticas dessas pesquisas?

Entre as questões éticas debatidas no campo da pesquisa encontram-se as do *plágio e da adulteração* de fontes e de documentos. Formas de comportamento utilitaristas são expressões práticas da incorporação da lógica mercantil na vida cotidiana. A prática do plágio — exemplo dessa relação que visa obter vantagens a qualquer preço — apresenta-se em diferentes espaços de formação e de pesquisa em várias áreas do conhecimento. É curioso porque revela um fenômeno que não é novo, mas que tem se intensificado a partir da ampliação do acesso à internet e da mercantilização do ensino.

São conhecidas e frequentes, no mundo acadêmico, situações de plágio: cópias de teses e de literatura, de ideias de autores sem a devida referência etc. Com o acesso à internet e a mercantilização do ensino, encontram-se disponíveis na rede virtual artigos e dissertações sobre qualquer tema de pesquisa, além de existirem empresas especializadas que elaboram todos os tipos de trabalho acadêmico: de trabalhos de conclusão de curso (TCCs) a teses de doutorado.

Além do plágio são consideradas infrações éticas na pesquisa científica: a citação de referências que não foram objeto de análise, de fontes que não foram lidas, a adulteração de documentos, a assinatura ou publicação de trabalhos feitos por outrem etc. O Código se referiu a essas questões afirmando ser vedado:

> Assinar ou publicar em seu nome ou de outrem trabalhos de terceiros, mesmo que executados sob sua orientação. (CFESS, 1993, p. 22)

> Adulterar resultados e fazer declarações falaciosas sobre situações ou estudos de que tome conhecimento. (CFESS, 1993, p. 22)

Considerações finais

Ao longo deste texto, ressaltei inúmeras formas de ser que negam a ética profissional, conforme os pressupostos do CE de 1993. Com esse método de análise espero ter contribuído para que o *dever ser* não seja contraposto, de forma abstrata, ao cotidiano do trabalho profissional. Na verdade, ações antiéticas são reproduzidas cotidianamente, opondo-se ao esforço de grande parte da categoria que busca realizar ações comprometidas com o CE e que, de fato, tem concretizado práticas significativas ao longo do processo de construção do PEP. Afirmei que as causas dessa situação não são decorrentes da "má vontade" de alguns, em contraposição à "boa vontade" de outros. A realidade é muito mais complexa.

No decorrer da análise, enfatizei os seguintes aspectos centrais: 1) existem causas objetivas, postas pela estrutura da sociedade capitalista e pela conjuntura atual, que incidem sobre o trabalho profissional, determinando seus limites; 2) esse movimento não é absoluto, comportando oposições, antagonismos e processo contra-hegemônicos; 3) a consciência (ação teleológica) exerce um papel ativo na ação, logo, levando em conta os limites objetivos e as possibilidades de acúmulo de forças de contra-hegemonia, existe um campo de possibilidades para ações contra-hegemônicas profissionais; 4) independente da consciência individual, a ação profissional produz um resultado objetivo que interfere de alguma forma na realidade social; 5) com consciência da direção social de sua prática, é possível colocá-la a serviço de um dos polos da intervenção profissional, o dos usuários, visando ao atendimento de suas necessidades e interesses e ao seu fortalecimento enquanto classe trabalhadora.

O CE se orienta por referências teóricas, filosóficas, por valores e finalidades que fazem parte de um projeto profissional historicamente construído, cujo adensamento político depende do avanço de sua base de sustentação ídeo-política: a organização da classe trabalhadora e dos movimentos contra-hegemônicos da sociedade. Sem essa base concreta e sua consciência teórica, a ética profissional torna-se abstrata: elemento enfatizado ao extremo neste texto.

Nesse processo, para fortalecer o PEP e o CE, é preciso reunir todos os esforços na direção do enfrentamento das condições adversas que se revelam no trabalho e na vida social, sem perder o vínculo com essa base social. Isso requer um trabalho educativo, de organização política, de construção de uma contraideologia no interior da profissão, articulada aos movimentos contra-hegemônicos da sociedade. O acúmulo teórico-prático e ético-político conquistado nos últimos 30 anos pelo Serviço Social brasileiro permite esse enfrentamento, embora as estratégias devam ser recriadas em cada conjuntura. Como afirmei, nas instituições, isso supõe um enfrentamento coletivo, de equipe, apoiado nas entidades e na articulação com a população.

Especialmente, trata-se de investir na ampliação da consciência ético-política da categoria por meio da capacitação continuada e do incentivo à organização política, previstos no CE. O trabalho institucional e a formação profissional recebem a influência do neoconservadorismo, divulgado pela ideologia neoliberal pós-moderna, daí a necessidade de uma capacitação que dê subsídios para a crítica a esse discurso, para que ele não seja reproduzido mecanicamente, reeditando a herança conservadora da profissão, para não atender as novas requisições do estado policial, para não incorporá-las exercendo a coerção nos locais de trabalho.

A ampliação da consciência ético-política profissional passa também por um reforço no oferecimento de cursos e de debates com enfoque nos DH e na ética, visando superar as visões irracionalistas e idealistas que rondam a cena cultural e política da sociedade, reatualizando os Códigos de Ética profissionais já superados historicamente. Indiquei alguns recursos nessa direção, como aqueles que ampliam a capacidade reflexiva através das manifestações artísticas.

A arte é uma das manifestações mais duradouras e possibilitadoras do enriquecimento da personalidade, pois permite a apreensão de motivações de caráter humano-genérico que correspondem a manifestações decorrentes do desenvolvimento dos sentidos, sentimentos, da sensibilidade humana em direção à beleza, à criatividade, a um tipo de comunicação específica, cuja peculiaridade reside exatamente na capacidade de humanização. Quando o indivíduo está diante de uma manifestação desse tipo é quase impossível permanecer voltado apenas a si mesmo, à sua singularidade. A atividade artística ou o contato com a obra exige que ele saia dessa condição absorvendo o que ela lhe diz, traz, faz sentir, enquanto experiência sensível e intelectual pertencente ao humano. Logo, através desse tipo de atividade, os indivíduos se enriquecem, não serão mais os mesmos, sua individualidade estará mais rica de objetivações, motivações e exigências. É sobre esse tipo de exigências que falei quando me referi à ação ética.

No terreno da ética, toda mudança passa pela totalidade do ser social, pois a adesão consciente a valores é um processo individual e coletivo. Nesse sentido, afirmei que existência de um Código de Ética não garante que a categoria vá reproduzi-lo. Mesmo tendo sido aprovado de forma democrática, a partir de um denso debate, dado o crescimento da categoria e as determinações que contribuem para fragilizar a sua compreensão e viabilização, a sua legitimação é um processo contínuo.

Espero ter contribuído para esse processo.

PARTE II

Código de Ética do(a) Assistente Social:
comentários a partir de uma perspectiva jurídico-normativa crítica

Às minhas filhas Estrela e Luana, minha melhor, completa e mais grata obra.

Ao meu companheiro Normando, minha e nossa paixão incondicional, com quem compartilho o sonho de uma sociedade radicalmente justa, igualitária, sem classes.

À minha tão amada neta Iasmim, que encanta cotidianamente a minha vida e que me permite reinventar, a cada segundo, minha existência.

Introdução

Não é difícil falar deste trabalho. Ao mesmo tempo é árduo encontrar as acertadas palavras que me permitam expressar, na sua exata medida, a alegria de poder contribuir com a concepção do projeto ético-político do Serviço Social.

Ao longo de mais de meia década ensaiei fazer, elaborar e concluir estes comentários ao Código de Ética do assistente social, e posso afirmar que o esforço para concluí-lo não foi isento de aflições, inquietações, cobranças e dilemas teóricos e pessoais. No entanto, posso exprimir a imensa alegria de finalizá-lo.

A cada princípio, a cada norma comentada, pude ter a certeza de que a minha radicalidade na defesa e na luta pela "emancipação humana" é o único caminho, a meu ver, que se opõe a "barbárie", que se opõe a todos os valores engendrados pelas relações do capital. A conduta ética, neste Código prescrita, é a expressão do projeto de sociedade que tenho plena afinidade, é a expressão daquilo que acredito; é a expressão mais contundente da projeção de uma sociabilidade sem qualquer tipo de exploração, opressão ou alienação.

Tinha conhecimento desde o início da responsabilidade de escrever com minha querida amiga e companheira, Maria Lucia Barroco, a quem nutro um imenso respeito intelectual e político, a quem tenho como referência na minha trajetória como advogada e assessora jurídica por mais de duas décadas no Conselho Federal de Serviço Social.

Posso afirmar que sou privilegiada, pois diante das circunstâncias reais de minha vida e de minha trajetória política e profissional foi me dada a oportunidade de trabalhar e atuar em uma entidade na qual possuo absoluta afinidade com seu instrumento básico de atuação e intervenção institucional: o projeto ético-político do Serviço Social.

Ao comentar cada princípio e artigo do Código de Ética do assistente social, numa "perspectiva crítica jurídico-normativa", busquei interpretá-los na sua exata dimensão jurídico-política, considerando que as próprias normas já nos remetem a outro modelo de conduta, que se opõe a práticas individualistas, corporativistas, tecnicistas, tão frequentes e tão adotadas em Códigos de Ética das outras profissões. Considerando, ademais, que não existe neutralidade em um diploma normativo dessa natureza, a linha de abordagem adotada para propiciar a reflexão sobre os dilemas éticos é, sem dúvida, marxista.

Porém, ainda assim, o "direito" e os "deveres" previstos neste Código de Ética operam num terreno das desigualdades produzidas pela separação da sociedade em classes. Por isso necessário se fez imprimir o verdadeiro sentido, abrangência, extensão e limites jurídicos de cada norma, evitando-se, assim, interpretações equivocadas, que estejam em desacordo com toda a concepção ideológica presente nas suas disposições.

Trabalhei na análise de cada princípio e disposição normativa na perspectiva de um projeto de sociedade que permita a plena igualdade real do ser humano, momento histórico que poderemos vislumbrar ou reconhecer a necessidade da extinção do "direito", do fim das relações jurídicas, para dar lugar ao ser humano pleno, a uma sociedade "que propicie aos trabalhadores um pleno desenvolvimento para invenção e vivência de novos valores, o que, evidentemente, supõe a erradicação de todos os processos de exploração, opressão e alienação" (introdução ao Código de Ética do assistente social regulamentado pela Resolução CFESS n. 273/93).

Finalizando, quero registrar meu merecido e carinhoso agradecimento às queridas companheiras Ivanete Salete Boschetti e Silvana

Mara de Morais dos Santos, que tiveram a "paciência histórica" para aguardar a publicação deste livro e que torceram e apostaram na importância dele. Contudo, não puderam vê-lo concluído na sua então gestão no CFESS, a primeira como presidente e a segunda como coordenadora da Comissão de Ética e Direitos Humanos nas gestões 2005-2008 e 2008-2011.

O meu abraço e agradecimento a Sâmya Rodrigues Ramos, atual presidente do CFESS, com quem tenho compartilhado os dilemas, alegrias e vitórias desta entidade chamada "CFESS". Pessoa que em seu movimento cauteloso, silencioso, nos ensina e pratica, cotidianamente, os valores mais caros do ser humano.

À Comissão de Ética e Direitos Humanos do CFESS, que tanto tem contribuído para diminuir e para criar mecanismos que se oponham, naquilo que é possível, ao preconceito, à discriminação, ao autoritarismo, ao privilégio, ao arbítrio e tantas dessas outras condutas que, por não raras vezes, são incorporadas no fazer e no agir dos seres humanos. O meu agradecimento especial e carinhoso à Marylucia Mesquita, conselheira destas duas últimas gestões do CFESS e coordenadora da atual Comissão de Ética e Direitos Humanos, que tem se dedicado, inteiramente, para esta entidade e na luta pela defesa intransigente dos direitos humanos. Meu agradecimento às queridas companheiras Maria Elisa dos Santos Braga e Kátia Regina Madeira, que também acompanharam, desde a gestão anterior, todos os dilemas que permearam a conclusão deste Código de Ética comentado.

O meu agradecimento aos(às) queridos(as) funcionários(as) do CFESS e aos(às) assessores(as), que contribuem, cada um, na sua importante tarefa, para que sejamos um coletivo, com muitas diferenças, porém com muitas afinidades, sobretudo em relação ao entendimento do fundamental papel que o CFESS desempenha, na luta contra o capital. Um agradecimento especial à querida Sandra Helena Sempé, que socorre o jurídico a cada necessidade, que sabe onde encontrar os ofícios, os papéis, os documentos, que verdadeiramente tem dado o suporte administrativo essencial e fundamental à atividade política e jurídica do CFESS.

A todos(as) os conselheiros e conselheiras da atual gestão do CFESS 2011-2014 meu carinhoso agradecimento, pela confiança e pela possibilidade de trabalharmos juntos, pois é "Tempo de luta e resistência".

Meu afeto e agradecimento a Elizabete Borgianni, minha sempre e querida amiga e companheira de lutas, obrigada pela paciência em esperar a conclusão da minha parte neste livro; obrigada à equipe da Cortez, a Miriam e a todos os companheiros desta Editora, que têm contribuído para divulgação e veiculação de um pensamento que se opõe à lógica do capital.

A todos os Conselhos Regionais de Serviço Social, na incansável luta cotidiana pela defesa do projeto ético-político do Serviço Social.

A Nayá Terra Catselidis, minha querida e preciosa assistente jurídica, que contribuiu na pesquisa deste texto e que muito tem me ajudado a resolver os dilemas e os desafios que são submetidos à apreciação do jurídico do CFESS.

Às minhas "manas" Noemia, Malú, Lygia, a meu "mano" Joel e à memória de nossos queridos pais, Marina e Venâncio Terra, que sem dúvida contribuíram para que eu me tornasse um ser humano íntegro, uma intransigente marxista, crítica e que tivesse como perspectiva a defesa da emancipação humana.

Aos meus amigos: Silvio Rangel, Marcel Martins, Lenira Machado, Cristina de Souza, Flavio Brito, Maria Cristina dos Santos, Ada, Arabela, Sonia, Toninho, Áureo, Rosely Edwiges, Ade, Rogério, Patrícia, Edvaldo, Robson, Lan, Piti, Aline, Cristian, Vera, Maria Inês Bertão, Edson Cabral, Onofre, Kátia, Elias, Paula e todos os outros e outras com quem tenho compartilhado minha existência; as festas, as farras, com quem tenho dividido os dilemas teóricos e os conflitos do cotidiano.

A todos e todas que lerem este Código de Ética comentado, meu carinhoso abraço e forte desejo de que ele possa contribuir como reflexão para que possamos, contando com nossa capacidade crítica, ser cada vez melhores como seres humanos.

Sylvia Helena Terra

CÓDIGO DE ÉTICA DO ASSISTENTE SOCIAL

RESOLUÇÃO CFESS N. 273, DE 13 DE MARÇO DE 1993

Institui o Código de Ética Profissional do(a) Assistente Social e dá outras providências.

A presidente do Conselho Federal de Serviço Social (CFESS), no uso de suas atribuições legais e regimentais, e de acordo com a deliberação do Conselho Pleno, em reunião ordinária, realizada em Brasília, em 13 de março de 1993;

Considerando a avaliação da categoria e das entidades do Serviço Social de que o Código homologado em 1986 apresenta insuficiências;

Considerando as exigências de normatização específicas de um Código de Ética Profissional e sua real operacionalização;

Considerando o compromisso da gestão 90/93 do CFESS quanto à necessidade de revisão do Código de Ética;

Considerando a posição amplamente assumida pela categoria de que as conquistas políticas expressas no Código de 1986 devem ser preservadas;

Considerando os avanços nos últimos anos ocorridos nos debates e produções sobre a questão ética, bem como o acúmulo de reflexões existentes sobre a matéria;

Considerando a necessidade de criação de novos valores éticos, fundamentados na definição mais abrangente, de compromisso com os usuários, com base na liberdade, democracia, cidadania, justiça e igualdade social;

Considerando que o XXI Encontro Nacional CFESS/CRESS referendou a proposta de reformulação apresentada pelo Conselho Federal de Serviço Social;

RESOLVE:

Art. 1º Instituir o Código de Ética Profissional do assistente social em anexo.

Art. 2º O Conselho Federal de Serviço Social — CFESS, deverá incluir nas Carteiras de Identidade Profissional o inteiro teor do Código de Ética.

Art. 3º Determinar que o Conselho Federal e os Conselhos Regionais de Serviço Social procedam imediata e ampla divulgação do Código de Ética.

Art. 4º A presente Resolução entrará em vigor na data de sua publicação no Diário Oficial da União, revogadas as disposições em contrário, em especial, a Resolução CFESS n. 195/1986, de 09.05.1986.

Brasília, 13 de março de 1993.

Marlise Vinagre Silva

S. CRESS n. 3578 7ª Região/RJ

Presidente do CFESS

Princípios fundamentais

Os princípios representam a estrutura ideológica sobre a qual se elaborou e se assentou o Código de Ética do assistente social. Eles se configuram como parâmetros ideológicos das regras materiais contidas nos artigos do Código de Ética. Possibilitam conferir a necessária unidade, coerência e harmonia ao sistema jurídico estabelecido pelo Código. Ademais, os princípios perpassam toda a normatividade do Código, representando o alicerce do conjunto do regramento estabelecido, que é o fundamento da concepção do projeto ético-político adotado pelo Código.

Eu e meus companheiros
queremos cumplicidade
prá brincar de liberdade
no terreiro da alegria
(Chico César, *Folia de Príncipe*)

I — Reconhecimento da liberdade como valor ético central e das demandas políticas a ela inerentes — autonomia, emancipação e plena expansão dos indivíduos sociais;

Agnes Heller (1985, p. 222), em sua melhor fase, considerou que "O desenvolvimento do indivíduo é antes de mais nada — mas de nenhum modo exclusivamente — função de sua liberdade fática ou de suas possibilidades de liberdade".

Na mesma direção de Heller, o Código de Ética do assistente social de 1993 reafirmou a liberdade e a justiça social como seus valores fundantes, adotando tal perspectiva na condição normativa cogente, como padrão de conduta a ser adotado no exercício da profissão do assistente social.

O assistente social na sua prática profissional, na relação que estabelece com os usuários do Serviço Social, com outros profissionais e com qualquer pessoa, deve pautar sua conduta no reconhecimento da liberdade e de suas possibilidades, eis que esse é valor ético central. Qualquer conduta que viole esse princípio estará sujeita ao enquadramento no Código de Ética e a sua apuração.

Esse princípio está presente e perpassa as regras que compõem o Código de Ética do assistente social, relacionando, inclusive, com a garantia da democracia, autonomia e emancipação do ser humano.

O enquadramento da conduta, supostamente violadora, deve procurar o devido enquadramento normativo nas regras previstas pelos artigos do Código de Ética do assistente social, que possuem um comando mais estrito na formulação da vedação ou da proibição de uma conduta determinada, descrevem uma situação jurídica mais objetiva e, se preenchidos os pressupostos por ela descritos, ensejam o devido enquadramento.

A liberdade é pressuposto jurídico em diplomas legais pátrios que tratam, sobretudo, dos direitos humanos e estabelecem a partir de uma concepção típica do liberalismo que "A liberdade consiste em poder fazer tudo aquilo que não prejudica outra pessoa" (Declaração dos Direitos do Homem e do Cidadão, 1789).

Porém, a perspectiva do Código de Ética do assistente social, cuja concepção "contém em si mesma uma projeção de sociedade — aquela em que se propicie aos trabalhadores um pleno desenvolvimento para invenção e vivência de novos valores, o que evidentemente supõe a erradicação de todos os processos de exploração, opressão e alienação" (CFESS, 1993), se contrapõe à visão de "liberdade individual" que tem sido pensada no sistema normativo capitalista. A "liberdade", na sociedade de classes, nem se concretiza, efetivamente, na vida real dos indivíduos, nem tão pouco no sistema legal vigente, que traduz, ao contrário, a negação da liberdade, na medida em que as escolhas são relativas, individualistas, alienadas.

Marx ressalta a liberdade como a capacidade que o homem possui de se autodeterminar, de desenvolver suas potencialidades e habilidades, acentuando que a liberdade inexiste na sociedade capitalista.

> A liberdade desse ser alienado, separado de sua essência, só poderia ser possível mediante o reconhecimento desse homem como ser genérico que, em sua individualidade subjetiva, compreenderia e passaria a reconhecer em si o universal objetivo. Afastaria de si o direito positivo como prerrogativa, podendo compreender as relações que engendram o ser social na sociedade capitalista. (Marx, 2004, p. 81)

Dessa forma, ao utilizar esse princípio como parâmetro para o enquadramento normativo, é necessário pensar na dimensão da "liberdade", "democracia", "autonomia" e emancipação" a partir da perspectiva do projeto ético-político do Serviço Social, considerando não só a dimensão subjetiva na escolha ética, mas também as condições histórico-sociais presentes na sociedade.

A formulação desse primeiro princípio refere-se também ao reconhecimento das demandas políticas que tratam da autonomia, emancipação e plena expansão dos indivíduos sociais, discorrendo, assim, da dimensão normativa daquilo que é inerente à liberdade.

A autonomia enquanto princípio ultrapassa os limites da autonomia profissional, que, nesse último contexto, é prevista como prerrogativa do assistente social no regramento material.

A autonomia aqui tratada abrange não só a capacidade de independência que permite autodeterminação dos indivíduos, para tomar suas decisões que estejam vinculadas à sua vida e às suas relações sociais, mas também a valorização, o respeito e a consideração sobre as opiniões e escolhas dos outros quando se trata da intervenção profissional.

É evidente que tais escolhas devem ser avaliadas, inclusive do ponto de vista jurídico, levando-se em conta a finalidade que cada assistente social confere a essa a partir das condições objetivas que estão colocadas em sua vida cotidiana e em seu trabalho.

A questão da autonomia vai ser encontrada, direta ou indiretamente, em várias formulações normativas que permeiam o regramento ético do assistente social, sempre exigindo uma conduta profissional independente que possa contribuir no sentido de afastar a subserviência ou a subalternidade nas relações com o superior hierárquico, na relação com outros profissionais, ou mesmo com os poderes constituídos, para fortalecimento do projeto ético-político do Serviço Social.

Ao reconhecer a emancipação e a plena expansão dos indivíduos sociais como demanda inerente à liberdade, o primeiro princípio aponta ainda para uma forma de sociabilidade na qual se supõe a erradicação de todas as formas de opressão e de suas categorias. Pressupõe uma forma de relação que os homens estabelecem entre si na efetivação da produção econômica, em que cada um contribui com suas forças individuais que são postas a serviço do interesse comum e permanecem sobre o controle de todos.

Assim a emancipação humana, na perspectiva do projeto ético-político de Serviço Social, ou seja, "[...] uma forma de sociabilidade na qual os homens sejam efetivamente livres, supõe a erradicação do capital e de todas as suas categorias. Sem esta erradicação é impossível a constituição de uma autêntica comunidade humana" (Tonet, 2005).

O projeto profissional, assim, está fundado nas contradições próprias e inerentes da sociedade capitalista. No entanto, quando nos referimos à perspectiva emancipatória, estamos reconhecendo que os homens/mulheres serão autodeterminados e efetivamente livres.

A violação desses princípios que trazem em si a concepção do projeto do Serviço Social, nos últimos 30 anos, estará presente quando o assistente social manifestar uma conduta profissional tipificada nesses. Ou seja, que se enquadre na situação caracterizada como violadora ou mesmo quando um determinado comportamento ou prática profissional seja contrário à afirmação desses princípios relativos.

> Somente quando o homem individual real recupera em si o cidadão abstrato e se converte, como homem individual, em ser genérico, em seu trabalho individual e em suas relações individuais; somente quando o homem tenha reconhecido e organizado suas "forces propes" como forças sociais e quando, portanto, já não separa de si a força social sob a forma de força política, somente então se processa a emancipação humana. (Marx, 2005, p. 41-42)

II — Defesa intransigente dos direitos humanos e recusa do arbítrio e do autoritarismo;

Aqui os direitos humanos recebem um tratamento em consonância com o projeto ético-político do Serviço Social. Nesse sentido, sua dimensão normativa refere-se à defesa de todos os direitos.

A dimensão jurídica da recusa do arbítrio expressa-se na ausência de estabelecimento de posturas, condutas ou determinações injustas, desnecessárias, que não sejam razoáveis, posto que se apresentam com rigor excessivo. As condutas arbitrárias, muitas vezes, não são explícitas e se revelam na decisão individual e no "desejo" de seu executor, que em geral é superior hierárquico, que tem poder de mando.

O *autoritarismo caracteriza-se como uma conduta* em que uma instituição ou pessoa se excede no exercício da autoridade de que lhe foi investida, podendo ser caracterizado pelo uso do abuso de poder e da autoridade, confundindo-se, por não raras vezes, com o despotismo.

Nas relações humanas o autoritarismo pode se manifestar no âmbito público, no qual a autoridade administrativa age sobre milhões de cidadãos; na vida cotidiana, na qual existe a dominação de uma pessoa sobre outra por meio do poder financeiro, econômico ou pelo terror e coação.

O assistente social precisa se contrapor a essas condutas autoritárias e arbitrárias impostas por autoridades superiores que violam o Código de Ética, uma vez que negam os princípios que devem ser afirmados e reafirmados em toda a atuação do profissional.

III — Ampliação e consolidação da cidadania, considerada tarefa primordial de toda sociedade, com vistas à garantia dos direitos civis sociais e políticos das classes trabalhadoras;

O Serviço Social se encontra totalmente comprometido no processo de ampliação e consolidação da cidadania, mediado pelo conflito capital e trabalho e pelos reflexos da reprodução da desigualdade, presentes nos espaços sócio-ocupacionais.

Para Coutinho (2000, p. 50-51), a cidadania não é algo dado aos indivíduos de uma vez para sempre, não é algo que vem de cima para baixo, mas é resultado de uma luta permanente, travada quase sempre a partir de baixo, das classes subalternas, implicando um processo histórico de longa duração.

Conforme explica Gentilli (1998, p. 172), a noção de cidadania possui uma interconexão com o Serviço Social, fazendo com que ambos não possam se separar. Essa interconexão está centrada na execução das políticas sociais, em que o assistente social atua pautando direitos e contribuindo para que as pessoas que se apresentam perante o Serviço Social como usuárias dessas políticas possam acessar programas e benefícios sociais.

Ainda que consideremos a importância da ampliação da cidadania como pressuposto para acesso e aperfeiçoamento de direitos, não podemos negar que na sociabilidade capitalista ela é resultado apenas formal da liberdade, igualdade e do direito de propriedade, como explica Ivo Tonet (2005), ao afirmar que:

> por mais direitos que o cidadão tenha e por mais que estes direitos sejam aperfeiçoados, a desigualdade de raiz jamais será eliminada. Há uma barreira intransponível no interior da ordem capitalista [...] Apesar dos aspectos positivos, para a emancipação humana que marcam a cidadania, ela é por sua natureza essencial, ao mesmo tempo expressão e condição de reprodução da desigualdade social e, por isso, da desumanização. Por isso mesmo deve ser superada, não porém em direção a uma forma autoritária de sociabilidade, mas em direção a efetiva liberdade humana [...].

Contudo, os movimentos sociais, as mobilizações, as lutas e os embates de trabalhadores e de setores excluídos vêm transformando direitos declarados formalmente em direitos reais, ainda que no âmbito das relações capitalistas, o que é fundamental para a superação desse modelo, na perspectiva da construção de uma outra sociabilidade.

IV — Defesa do aprofundamento da democracia, enquanto socialização da participação política e da riqueza socialmente produzida;

Continuamos aqui afirmando que a democracia é outro componente fundamental a ser aprofundado para a conquista e aperfeiçoamento de direitos, até porque, sob a regência do capital, a democracia é meramente formal, nem possibilitando a efetiva participação de todos na vida política, nem a liberdade de expressão de manifestação ou do pensamento, uma vez que inexiste igualdade de oportunidades para todos. O princípio em questão destaca um outro elemento fundamen-

CÓDIGO DE ÉTICA DO/A ASSISTENTE SOCIAL COMENTADO

tal da democracia real ao indicar que tal defesa também tem sua expressão na socialização da riqueza socialmente produzida. Ou seja, para que haja democracia é imprescindível que a riqueza produzida seja socializada, seja distribuída entre aqueles que participam do processo de trabalho e de produção de qualquer bem.

V — Posicionamento em favor da equidade e justiça social, que assegure universalidade de acesso aos bens e serviços relativos aos programas e políticas sociais, bem como sua gestão democrática;

Equidade, no Direito, consiste na adaptação da regra existente à situação concreta, observando-se os critérios de *justiça e igualdade*. Pode-se dizer, então, que a equidade adapta a regra a um caso específico, a fim de deixá-la mais justa. Ela é uma forma de se aplicar o direito, mas sendo o mais próximo possível do justo para as duas partes.

Consta do preâmbulo da Constituição que a justiça é um dos valores supremos da sociedade, como a harmonia social e a liberdade.

Para que haja justiça social deve ser assegurada a universalidade de acesso aos bens e serviços relativos aos programas e políticas sociais.

Reafirmamos que a equidade e a justiça devem ser componentes cotidianos da atuação do assistente social, porém na perspectiva de superação da ordem burguesa, na medida em que tais valores são apenas formalmente assegurados, afinal, as desigualdades não permitem a sua efetivação.

É importante destacar que a justiça formal, que representa o aparelho do Estado para cumprir tal função jurisdicional, reproduz as relações de produção capitalistas e a defesa dos interesses de classe, tendo como seu mote principal a defesa da propriedade privada.

A "justiça", entretanto, se relaciona com as mais diferentes expressões do Direito, motivo pelo qual várias acepções, para comportar a categoria justiça, foram criadas. O certo é que retornamos sempre ao mesmo tema a importância do exercício desses valores, de forma que os ultrapasse na perspectiva da emancipação humana.

Assim, a defesa da equidade e da justiça social deve estar situada nas ações profissionais, visando, sobretudo, assegurar o acesso aos bens e serviços relativos a programas e políticas sociais, como formas e mecanismos para possibilitar a satisfação das necessidades imediatas dos usuários, buscando outros mecanismos que possam contribuir para radicalização da equidade e da justiça, na perspectiva da construção de uma sociedade onde os homens *possam produzir bens suficientes para atender suas necessidades segundo suas capacidades e habilidades.*

VI — Empenho na eliminação de todas as formas de preconceito, incentivando o respeito à diversidade, à participação de grupos socialmente discriminados e à discussão das diferenças;

Esse princípio deve também regular toda atividade do assistente social, afastando, rejeitando e denunciando condutas e atitudes preconceituosas ou discriminatórias, manifestadas em qualquer dimensão profissional, não admitindo juízo preconcebido, na forma de atitude discriminatória perante pessoas, lugares, tradições, culturas, orientação sexual considerados diferentes ou "estranhos". O respeito à diversidade e o incentivo das diferenças, num sentido amplo, diz respeito àquele que é diferente do padrão dominante na sua forma de pensar, de se manifestar, de agir, de expressar sua individualidade.

A discriminação ou preconceito, em geral, enseja manifestação pejorativa de alguém, ou de um grupo social, ao que lhe é diferente. As formas mais comuns de preconceito são: social, racial e sexual.

VII — Garantia do pluralismo, através do respeito às correntes profissionais democráticas existentes e suas expressões teóricas, e compromisso com o constante aprimoramento intelectual;

O pluralismo deve nortear a conduta do assistente social no sentido de respeito às correntes profissionais democráticas existentes e suas expressões teóricas em busca do constante aprimoramento intelectual.

No âmbito do Direito e principalmente na área do direito público, a doutrina tem considerado que uma sociedade plural é aquela composta por vários setores de poder, inexistindo, portanto, um único órgão responsável por proferir as decisões administrativas e políticas. Ou seja, a corrente pluralista se opõe a tendência de unificação do poder. Dessa forma, percebe-se que em uma sociedade plural, necessariamente, os diversos grupos devem ter convicção e reconhecer os contrastes existentes entre eles, buscando, dentro de um sistema e ambiente democrático, soluções que levem a superação desses conflitos e, consequentemente, atendam aos interesses do maior número possível de pessoas. Nesse sentido, vale frisar que a tolerância aos posicionamentos dos demais grupos é característica essencial de uma sociedade pluralista (Morelli, 2007).

Diversos dispositivos constitucionais buscam proteger a concepção pluralista, tais como: artigo 5º, inciso IV (liberdade de pensamento); artigo 8º (liberdade de associação profissional ou sindical); artigo 17 (liberdade de criação, fusão, incorporação e extinção de partidos políticos); artigo 45 (proporcionalidade na composição da Câmara dos deputados); artigo 206, inciso III (pluralismo de ideias e concepções pedagógicas) etc.

VIII — Opção por um projeto profissional vinculado ao processo de construção de uma nova ordem societária, sem dominação-exploração de classe, etnia e gênero;

Toda ação e conduta profissional deve ser efetivada nessa perspectiva histórica, consubstanciada nesse princípio, pois é esse "projeto social aí implicado que se conecta com o projeto profissional do Serviço Social", o que "supõe a erradicação de todos os processos de exploração, opressão e alienação" (CFESS, 1993).

E esse projeto:

> pode permitir a construção de uma autêntica comunidade humana, ou seja, de uma comunidade onde todos os indivíduos possam ter acesso amplo a todas as objetivações — materiais e espirituais — que constituem o patrimônio da humanidade; onde poderão desenvolver amplamente as

suas potencialidades; onde se encontrarão em situação de solidariedade afetiva uns com os outros e não de oposição e concorrência. [...] Só então se poderá dizer que os homens são efetivamente livres. O que não significa dizer que serão nem completa nem inteiramente livres, mas que serão o mais autodeterminados possível enquanto homens. [...] A emancipação humana não é algo inevitável. É somente uma possibilidade. Se se realizará ou não, dependerá da luta dos próprios homens. (Tonet, 2005)

IX — Articulação com os movimentos de outras categorias profissionais que partilhem dos princípios deste Código e com a luta geral dos trabalhadores;

Esse princípio também se encontra presente em várias regras adotadas pelo Código de Ética do assistente social e sua formulação permite refletir que os assistentes sociais e suas entidades profissionais devem buscar parcerias com movimentos de outras categorias profissionais que tenham identidade com o projeto ético-político do Serviço Social e com a luta dos trabalhadores. Esse princípio nos remete à concepção da necessidade de organização da categoria que ultrapasse os limites do corporativismo, na perspectiva da defesa das lutas coletivas dos trabalhadores.

X — Compromisso com a qualidade dos serviços prestados à população e com o aprimoramento intelectual, na perspectiva da competência profissional;

O princípio em questão coloca como essencial o compromisso com a qualidade dos serviços prestados à população, o que deve ser uma tarefa cotidiana da atividade desenvolvida pelo assistente social. Para que isso ocorra, além da responsabilidade ética, é necessário o constante aperfeiçoamento intelectual do assistente social, o que possibilitará compreender a realidade de forma crítica e as dimensões da questão social, bem como para buscar mecanismos e instrumentos eficazes e éticos, para contribuir com a efetivação do acesso e ampliação de direitos.

XI — Exercício do Serviço Social sem ser discriminado/a, nem discriminar por questões de inserção de classe social, gênero, etnia, religião, nacionalidade, orientação sexual, identidade de gênero, idade e condição física.

Ao refletirmos sobre o ato de discriminar e ser discriminado, merecem destaques duas Resoluções do Conselho Federal de Serviço Social que servem como instrumentos importantes para subsidiar o exercício profissional do assistente social numa perspectiva de enfrentamento ao preconceito e, portanto, de respeito à diversidade humana e do exercício do Serviço Social sem ser discriminado(a) e discriminar por diferentes questões. Estamos nos referindo à Resolução CFESS n. 489/2006, que estabelece normas vedando condutas discriminatórias ou preconceituosas por orientação e expressão sexual por pessoas do mesmo sexo no exercício profissional do(a) assistente social, e à Resolução CFESS n. 615/2011, que dispõe sobre a inclusão e uso do nome social da assistente social travesti e do assistente social transexual nos documentos de identidade profissional.

É um princípio que encontra objetivação na sua formulação, eis que previsto claramente na normatização do CFESS e, ainda que de forma ampla e genérica, na legislação constitucional e infraconstitucional.

A Constituição da República Federativa do Brasil consagra os referidos princípios (igualdade, liberdade, fraternidade) no artigo 5º:

> Todos são iguais perante a lei, sem distinção de qualquer natureza, garantindo-se aos brasileiros e aos estrangeiros residentes no País a inviolabilidade do direito à vida, à liberdade, à igualdade, à segurança e à propriedade [...].
>
> I — homens e mulheres são iguais em direitos e obrigações, nos termos desta Constituição.
>
> [...]
>
> III — ninguém será submetido a tortura nem a tratamento desumano ou degradante;
>
> [...]
>
> VI — é inviolável a liberdade de consciência e de crença, sendo assegurado o livre exercício dos cultos religiosos e garantida, na forma da lei, a proteção aos locais de culto e a suas liturgias;

[...]

VIII — ninguém será privado de direitos por motivo de crença religiosa ou de convicção filosófica ou política, salvo se as invocar para eximir-se de obrigação legal a todos imposta e recusar-se a cumprir prestação alternativa, fixada em lei;

[...]

A Declaração Universal dos Direitos Humanos, em seu artigo I, preconiza que: "todos nascem livres e iguais em direitos e dignidade e que sendo dotados de consciência e razão devem agir de forma fraterna em relação aos outros" (ONU, 1948).

Observações sobre a normatividade dos princípios: Os princípios, além de estarem previstos expressamente neste diploma jurídico, estão presentes em todo o Código de Ética do assistente social. Os princípios são normas jurídicas que se sobrepõem ao regramento, possuindo um grau de juridicidade superior que condiciona os parâmetros normativos subsequentes. Ou seja, o princípio é por definição "mandamento nuclear de um sistema", definindo assim a lógica do sistema normativo, conferindo-lhe a devida harmonia e coerência. Orienta e dá direção ao conjunto normativo, permitindo que seja explicitado no regramento um determinado fio condutor lógico e ideológico, expressando valores que se concretizam no cotidiano dos indivíduos.

> Princípio é com efeito toda a norma jurídica, enquanto considerada como determinante de uma ou de muitas outras subordinadas, que a pressupõem, desenvolvendo e especificando ulteriormente o preceito em direções mais particulares (menos gerais) das quais determinam, e, portanto, reúnem potencialmente, o conteúdo: sejam pois efetivamente postas, sejam ao contrário, apenas dedutíveis do respectivo princípio geral que as contém. (Bonavides, 1996, p. 230)

Os princípios expressos no Código de Ética do assistente social são normas jurídicas que devem ser tratadas nessa perspectiva como normas capazes de impor obrigações e direitos no universo fático:

CÓDIGO DE ÉTICA DO/A ASSISTENTE SOCIAL COMENTADO   133

[...] Com efeito, os princípios jurídicos podem estar expressamente enunciados em normas explícitas ou podem ser descobertos no ordenamento jurídico, sendo que, neste último caso, eles continuam possuindo força normativa. Ou seja, não é por não ser expresso que o princípio deixará de ser norma jurídica. Reconhece-se, destarte, normatividade não só aos princípios que são, expressa e explicitamente, contemplados no âmago da ordem jurídica, mas também aos que, defluentes de seu sistema, são anunciados pela doutrina e descobertos no ato de aplicar o Direito. (Espíndola, 1999, p. 55)

Os princípios, enquanto normas jurídicas, portanto, podem fundamentar de forma autônoma um enquadramento.

Os princípios inscritos no Código de Ética são, pois, normas jurídicas. Nessa medida, sempre que a representação ou a denúncia se referir à violação dos princípios, será passível de enquadramento para apuração juntamente ou não com as demais regras que possuem relação com os fatos denunciados. Do contrário, o princípio somente funcionaria como parâmetro ideológico, destituído de força sancionatória. Caso os fatos denunciados não encontrem correspondência no regramento normativo que vincule fatos hipotéticos específicos, os princípios, fatalmente, perderiam sua função, enquanto sistema jurídico que expressa valores que perpassam todas as regras.

Podemos, então, afirmar que as regras são "concreções dos princípios" (Grau, 1995, p. 16).

Como, ainda, afirma Grau (1995, p. 16), as normas compreendem um gênero do qual são espécies as regras e os princípios. Os princípios têm caráter primário e geral, ao passo que as regras são normas secundárias e especiais, que dão concretude aos princípios. Esse discernir não impede afirmar que regra e princípio têm em comum o caráter de generalidade. Isso porque a generalidade da regra jurídica é diversa da generalidade de um princípio jurídico. Diferem na compreensão e extensão do campo em que incidem.

Se os princípios são normas que possuem um grau hierárquico superior a elas, têm alcance até superior que as regras.

Consideramos que as normas abrangem as regras e os princípios. Filiamo-nos à corrente que sustenta que a norma é o gênero; e as regras e os princípios, a espécie.

TÍTULO I
DISPOSIÇÕES GERAIS
Art. 1º Compete ao Conselho Federal de Serviço Social:
a) zelar pela observância dos princípios e diretrizes deste Código, fiscalizando as ações dos Conselhos Regionais e a prática exercida pelos profissionais, instituições e organizações na área do Serviço Social;

Em conformidade com o artigo 8º da Lei n. 8.662, de 7 de junho de 1993, compete ao Conselho Federal de Serviço Social, na qualidade de órgão normativo de grau superior, o exercício, entre outras atribuições, de:

> orientar, disciplinar, normatizar, fiscalizar e defender o exercício da profissão do assistente social, em conjunto com os CRESS;
> [...]
> funcionar como Tribunal Superior de Ética Profissional;
> julgar em última instância os recursos contra as sanções impostas pelos CRESS;
> [...]. (CFESS, 2011b)

Duas atribuições previstas na lei antedita merecem destaque, tendo em vista que asseguram uma estrutura orgânica e democrática no âmbito do Serviço Social brasileiro. A primeira se refere ao CFESS como único e exclusivo órgão normativo de grau superior no que tange à regulamentação das questões éticas e técnicas do Serviço Social no Brasil, de forma que permite a necessária e imprescindível unidade conceitual e normativa de ação, que abrange a todos os assistentes sociais inscritos nos Conselhos Regionais de Serviço Social.

Muito embora o CFESS figure como órgão normativo exclusivo, a formulação do regramento profissional é deliberada para além das hipóteses obrigatórias previstas pela Lei n. 8.662/93, no âmbito do Encontro Nacional CFESS/CRESS, fórum democrático, realizado anualmente, previsto pelo artigo 9º da Lei n. 8.662/93, com a participação das direções dos Conselhos Federal e Regionais e delegados de base, esses últimos escolhidos nas assembleias convocadas regularmente pelos CRESS. Os pressupostos do regramento jurídico são discutidos no Encontro Nacional CFESS/CRESS, que possui caráter deliberativo. Na hipótese de ser aprovada uma disposição normativa que seja ilegal, inconstitucional, não defensável juridicamente ou que viole os princípios do projeto ético-político da categoria, a partir de constatação em análise elaborada pelo órgão jurídico do CFESS e aprovado tal entendimento técnico, pelo Conselho Pleno do CFESS, a proposta do Encontro Nacional não será contemplada na normatização a ser expedida pelo CFESS. Vale acentuar que o CFESS responde pelos atos que praticar, sujeitos a apreciação pelo Poder Judiciário, que poderá anulá-los ou invalidá-los, bem como determinar ressarcimento por eventuais prejuízos causados, quando o ato tiver reflexos comprovadamente negativos em relação aos interessados alcançados e prejudicados pelo ato.

A segunda atribuição se refere à competência de segunda instância administrativa atribuída ao CFESS. No âmbito dos Conselhos de fiscalização da profissão do Serviço Social, todas as decisões, deliberações e atos de qualquer natureza praticados pelos Conselhos Regionais de Serviço Social podem ser objetos de interposição de recurso pelos interessados perante o CFESS. Recebido o recurso e após análise dos argumentos dos recorrentes, o CFESS poderá manter ou modificar a decisão de primeira instância administrativa, estando os CRESS sujeitos ao seu cumprimento. A possibilidade de reapreciação das decisões adotadas pelos CRESS está inserida na concepção democrática do "duplo grau de jurisdição", que permite o reexame a ser realizado por um órgão distinto e de grau superior ao primeiro.

Tal instituto possibilita um maior acerto nas decisões, uma vez que é novamente apreciada por um órgão superior, que tem como função, entre outras, exercer controle sobre os atos praticados pela primeira instância administrativa e/ou seu colegiado.

O instituto do "duplo grau de jurisdição" tem garantia constitucional, embora tal afirmação não seja unânime na doutrina, e se assenta na previsão do artigo 102, incisos II e III da Constituição Federal, entre outras, que estabelece que compete ao Supremo Tribunal Federal julgar determinadas causas mediante recurso ordinário e outras mediante recurso extraordinário, o que permite concluir que ao criar tais recursos criou o duplo grau de jurisdição.

Além do mais, o artigo 5º, inciso LV da Constituição Federal, ao dispor que "aos litigantes, em processo judicial ou administrativo, e aos acusados em geral são assegurados o contraditório e a ampla defesa, com os meios e recursos a ela inerentes", estabelece claramente a garantia constitucional em comento.

De qualquer forma, a Lei n. 8.662/93, seguindo a tradição democrática de órgãos administrativos, assegura, claramente, o "duplo grau de jurisdição" nas decisões dos CRESS, inclusive no que tange àquelas proferidas nos processos éticos.

Por último, vale acentuar que, de acordo com esta disposição normativa em comento, compete ao CFESS "fiscalizar as ações dos Conselhos Regionais e a prática exercida pelos profissionais, instituições e organizações sociais".

O Código de Ética corrobora as disposições da Lei n. 8.662/93 e demais diplomas legais ao conferir ao CFESS a atribuição de *fiscalização das ações dos CRESS*, podendo, evidentemente, determinar providências para corrigi-las no caso de ação inadequada ou irregular, e, na hipótese de omissão, prescrevendo que o Regional cumpra sua função de primeira instância administrativa.

Não são raros os pedidos de assistentes sociais ou de terceiros interessados que se socorrem da função jurisdicional do CFESS para apresentar reclamos em relação aos procedimentos utilizados pelos CRESS em matéria de natureza ética ou pleitear a adoção de procedimentos que deixam de ser utilizados, corretamente, em relação às questões ou denúncias de natureza ética. Nessas situações o CFESS sempre intervém, porém sem entrar no mérito da denúncia ética.

b) introduzir alteração neste Código, através de uma ampla participação da categoria, num processo desenvolvido em ação conjunta com os Conselhos Regionais;

O pressuposto para introdução de qualquer alteração conceitual no Código de Ética dos assistentes sociais pressupõe a efetiva participação dos assistentes sociais do Brasil por meio de fóruns de debate para discussão. Aliás, esse é um pressuposto emanado da Lei n. 8.662/93, ao estabelecer em seu artigo 8º, inciso IV, que compete ao Conselho Federal de Serviço Social, na qualidade de órgão normativo de grau superior, aprovar o Código de Ética Profissional dos Assistentes Sociais juntamente com os CRESS, *no fórum máximo de deliberação do Conjunto CFESS-CRESS.*

A forma democrática adotada pela norma em comento de alteração do Código de Ética do assistente social se mostra absolutamente compatível com toda a concepção que norteia o projeto ético-político do Serviço Social.

No entanto, a direção, condução do processo de alteração, a expedição da Resolução, consubstanciando as alterações do Código de Ética, será sempre de competência do CFESS, em conformidade com o artigo 8º da Lei n. 8.662/93, que atribui à instância federal a capacidade normativa.

Qualquer alteração conceitual que seja procedida no Código Ética do assistente social, sem o cumprimento de tais requisitos, poderá ser inquinada de ilegal, porquanto, a forma democrática de participação da categoria é exigência legal.

c) como Tribunal Superior de Ética Profissional, firmar jurisprudência na observância deste Código e nos casos omissos.

Somente ao CFESS cabe firmar jurisprudência, em matéria de sua competência, a partir de processos julgados em grau recursal. Portanto, somente as decisões prolatadas pelo Conselho Federal se constituem em jurisprudência, que é o resultado das decisões julgadas em segunda instância, com a interpretação e aplicação do Código de Ética e normas processuais, bem como a todos os casos concretos que são submetidos a julgamento recursal.

Consiste, consequentemente, em decisão irrecorrível no âmbito administrativo. Sendo o CFESS a segunda e última instância administrativa, não cabe recurso de sua decisão, a não ser a revisão da decisão administrativa pelo Poder Judiciário, quando regularmente instado para tal.

Impende registrar ainda que a decisão que resulta de um conjunto de decisões judiciais ou administrativas proferidas no mesmo sentido por um Tribunal, ou conjunto de decisões ou a orientação sobre uma dada matéria, constitui-se em jurisprudência.

A jurisprudência orienta as decisões de primeira instância em matéria ou situação semelhante, sendo fonte do direito, bem como orienta os interessados e assistentes sociais, que podem se valer de casos concretos, já julgados, para conduzir sua conduta profissional.

Os casos omissos são aqueles não previstos nas normas materiais, substantivas ou processuais adjetivas, e ao CFESS cabe orientar os Conselhos Regionais em situações não previstas nos ordenamentos normativos, quando se tratar, evidentemente, de situação abstrata.

Em casos ou situações concretas, o CFESS somente poderá se pronunciar como instância recursal e julgará, sempre, considerando a analogia, os princípios do Código de Ética Profissional e a concepção que norteia o projeto ético-político do Serviço Social, fundamentando sua decisão.

Parágrafo único. Compete aos Conselhos Regionais, nas áreas de suas respectivas jurisdições, zelar pela observância dos princípios e diretrizes deste Código, e funcionar como órgão julgador de primeira instância.

Os Conselhos Regionais de Serviço Social devem zelar pela observância dos princípios e diretrizes deste Código, adotando sempre ações preventivas e de orientação, de forma que exerça a dimensão político-pedagógica prevista pela política de fiscalização do Conjunto CFESS-CRESS.

É medida que atinge um grupo, área, segmento de assistentes sociais que, por não raras vezes, enfrentam dificuldades e dilemas éticos e técnicos de toda a natureza no seu cotidiano profissional.

A ação que se centra no processamento — apuração dos fatos — e punição localizada e individualizada para profissionais é medida obrigatória, que busca a efetivação da prestação jurisdicional de competência dos Conselhos de Fiscalização.

Os Conselhos Regionais de Serviço Social, como órgãos julgadores de primeira instância, têm como atribuição, consequentemente, receber as denúncias, queixas ou representações, ou apresentá-las *ex officio* e processá-las, na hipótese da instauração do processo, tudo em conformidade com os procedimentos disciplinados pelo Código Processual de Ética vigente.

Zelar pela observância dos princípios e diretrizes deste Código representa, então, a prática de ato, ações e procedimentos adotados pelos CRESS em suas respectivas jurisdições, em relação a todas as dimensões previstas na política de fiscalização.

Não se trata de uma faculdade concedida aos CRESS, mas sim de uma atribuição legal, portanto, de caráter obrigatório, de responsabilidade de suas direções. A conduta inadequada ou omissiva em relação à efetivação de ações e procedimentos que garantam o zelo dos padrões éticos da profissão poderá gerar apuração de responsabilidades por ato de improbidade administrativa, cuja regulamentação é prevista pela Lei n. 8.429, de 2 de junho de 1992.

As denúncias, representações, notícias que, por qualquer meio, chegam ao conhecimento do Conselho de suposta violação ao Código de Ética do Assistente Social devem ser objeto de análise e, conforme o caso, devidamente apuradas mediante o cumprimento dos procedimentos previstos no Código de Processo Ético vigente.

A omissão em determinar o devido andamento das denúncias que chegam ao conhecimento do Conselho Regional poderá se caracterizar como ato de improbidade administrativa, sujeito à apuração das responsabilidades.

TÍTULO II
DOS DIREITOS E DAS RESPONSABILIDADES GERAIS DO ASSISTENTE SOCIAL

Art. 2º Constituem direitos do assistente social:

Objeto jurídico: Defesa das prerrogativas e da qualidade do exercício profissional do assistente social.

Esse artigo prevê direitos e prerrogativas do assistente social no exercício de sua profissão. É certo que ao exercer uma profissão regulamentada, de natureza técnica, cujas funções e atribuições só podem ser desempenhadas por aquele habilitado ao exercício respectivo, o profissional deve gozar de determinadas garantias para que possa cumprir, adequadamente, os princípios regulatórios éticos e técnicos de sua profissão, sem interferências de terceiros que não lhe permitam cumprir tais postulados adequadamente, com absoluta independência e autonomia técnica.

Por isso mesmo, os profissionais devem formalizar representações ou denúncias perante os CRESS quando ofendidos em suas prerrogativas profissionais, pois constantemente é presenciado o abuso de autoridade e atentado aos direitos assegurados ao exercício da profissão, de forma que o profissional possa ser desagravado, em ato a ser promovido pelos Conselhos de Fiscalização, na hipótese de caracterizada a ofensa ou violação aos direitos e prerrogativas profissionais e preenchidos os requisitos estabelecidos pelas normas internas, expedidas pelo Conselho Federal de Serviço Social.

Além das medidas que podem ser adotadas no âmbito do Conselho de Fiscalização Profissional, caso fique caracterizada a ofensa à honra, à imagem e as prerrogativas profissionais, cabe, outrossim, representação dirigida ao superior hierárquico da autoridade ofensora. A ofensa aos direitos profissionais por qualquer autoridade, se devidamente comprovada, é passível de correção pela via mandamental, mediante iniciativa, exclusiva, do interessado, para proteção de direito líquido e certo.

a) garantia e defesa de suas atribuições e prerrogativas, estabelecidas na Lei de Regulamentação da Profissão e dos princípios firmados neste Código;

A primeira prerrogativa que se mostra fundamental ao exercício profissional é que o assistente social possa exercer, efetivamente, suas atribuições estabelecidas na lei de regulamentação. Ou seja, o profissional não pode ser obrigado a desempenhar atribuições que não sejam de sua competência. Por outro lado, para o assistente social exercer suas atribuições, é necessário que seja garantido suas prerrogativas, especificadas neste Código, que nada mais são direitos previstos para que o profissional possa exercer com independência sua atividade. A defesa das atribuições profissionais, num primeiro momento, é incumbência política que cabe ao próprio profissional em seu espaço ocupacional.

Por outro lado, a exigência de que o profissional contratado ou concursado para o cargo de assistente social desempenhe atribuições ou funções que não sejam de sua competência ou incompatíveis com sua atividade profissional, inclusive com a lei de regulamentação profissional (8.662/93), pode se caracterizar como "assédio moral", que representa um comportamento abusivo que ameaça, por sua repetição, a integridade física ou psíquica de um ser humano nas suas relações de trabalho.

Vários órgãos ou entidades vêm orientando os trabalhadores em relação às práticas de abuso de poder e de assédio moral que se configuram no local de trabalho, a exemplo da Associação Nacional dos Servidores da Extinta Secretaria da Receita Previdenciária, contribuindo na identificação de práticas que possam se configurar como assédio moral, como transcrevemos a seguir:

> [...] Por assédio moral em um local de trabalho temos que entender toda e qualquer conduta abusiva manifestando-se, sobretudo, por comportamentos, palavras, atos, gestos, escritos que possam trazer dano à perso-

nalidade, à dignidade ou à integridade física ou psíquica de uma pessoa, pôr em perigo seu emprego ou degradar o ambiente de trabalho. [...] Muito embora se delimite o assunto para tratar do dano moral, na verdade as condutas ilícitas (comissivas ou omissivas) integrantes do assédio moral implicam lesão de outros bens jurídicos tutelados pelo ordenamento jurídico (saúde, integridade, dignidade, privacidade, honra), gerando prejuízos morais e materiais sujeitos a reparação civil. (Unaslaf, 2012)

b) livre exercício das atividades inerentes à profissão;

O direito ao livre exercício de qualquer trabalho, ofício ou profissão encontra-se devidamente consagrado no artigo 5º, inciso XIII da Constituição Federal de 1988, que condiciona ou submete o exercício da liberdade ao atendimento ou cumprimento das qualificações que a lei estabelecer.

O exercício da profissão do assistente social está regulamentado atualmente pela Lei n. 8.662/93, que estabelece as exigências para o exercício profissional, conforme comando do artigo 2º, que prevê que somente poderão exercer a profissão aqueles que possuírem:

a) Diploma em curso de graduação em Serviço Social, oficialmente reconhecido, expedido por estabelecimento de ensino superior existente no país, devidamente registrado no órgão competente;

b) Registro no Conselho Regional de Serviço Social (CRESS), que tenha jurisdição sobre a área de atuação do interessado.

Dessa forma, o exercício da profissão, bem como a utilização da designação "assistente social", requer o *registro prévio* nos Conselhos Regionais, que pressupõe a certeza jurídica que o interessado cumpriu as exigências especificadas na letra "a", *supra*.

O exercício da profissão de assistente social sem o registro no Conselho Regional competente poderá se caracterizar em "exercício ilegal" da profissão, tipificado pelo artigo 47 da Lei de Contravenções Penais, a ser apurado pela autoridade competente.

No âmbito dos Conselhos cabe, ainda, a aplicação de multa, quando constatado o exercício de qualquer função, tarefa, atividade de atribuição privativa ou a utilização da designação "assistente social" sem a inscrição no Conselho Regional de Serviço Social competente, mediante adoção de procedimentos previstos pelas normas internas expedidas pelo CFESS, e garantido o direito de defesa e do contraditório.

A liberdade do exercício profissional tem, assim, sua limitação fixada a partir do interesse público, ou seja, ao exigir, o texto constitucional, o atendimento às qualificações previstas em lei, impõe que os serviços sejam prestados por profissional habilitado (registrado no Conselho respectivo) e, consequentemente, com qualidade, competência técnica e ética, que por sua vez representa comando que visa à proteção da sociedade.

O enunciado contido nesta alínea em comento condiciona, ainda, a liberdade do exercício da profissão às atividades inerentes a esta. É prerrogativa do profissional assistente social, habilitado na forma da lei, plena liberdade para o exercício de sua profissão, porém, é direito também que exerça atividades próprias e inerentes a esta.

Nesse sentido, as atividades inerentes a profissão, com os seus devidos desdobramentos e inserções em espaços profissionais conquistados, devem ser orientadas e paramentadas por aquelas descritas nos artigos 4º e 5º da Lei n. 8.662/93, que estabelecem as competências e atribuições privativas do assistente social.

Dessa forma, qualquer exigência emanada de empregador, autoridade hierárquica, no sentido do exercício de atividades que não sejam inerentes, ou melhor, incompatíveis com a profissão, estará ferindo prerrogativa fundamental do profissional, inclusive em relação a sua dignidade.

c) participação na elaboração e gerenciamento das políticas sociais, e na formulação e implementação de programas sociais;

A participação na elaboração e gerenciamento das políticas sociais e a implementação de programas sociais são prerrogativa do assistente social, mas são, sobretudo, atividade de competência do assistente social, prevista pelo artigo 4º da Lei n. 8.662/93, que pode, entretanto, ser exercida por outros profissionais.

Elaborar e gerenciar políticas sociais e formular e implementar programas sociais fazem parte da atribuição de um determinado governo que desempenha as funções do Estado. Dessa forma, é função que, embora possa se revestir de um componente técnico na sua efetivação, revela-se como um modelo a ser adotado, relativo a estratégia de Estado por meio de uma intervenção governamental.

Hofling (2001), ao tratar do tema, destaca que uma das relações fundamentais "é a que se estabelece entre o Estado e as políticas sociais, ou melhor, entre a concepção de Estado e a política que este implementa, em uma determinada sociedade, em um determinado período histórico".

Assim, como assinala ainda a autora:

políticas sociais se referem a ações que determinam o padrão de proteção social implementado pelo Estado, voltadas, em princípio, para redistribuição dos benefícios sociais visando a diminuição das desigualdades estruturais produzidas pelo desenvolvimento socioeconômico. (Hofling, 2001)

Diante de tais evidências o assistente social atua nesta atividade profissional, porém na perspectiva do projeto ético-político do Serviço Social que "[...] vincula-se a um projeto societário que propõe a construção de uma nova ordem social, sem dominação e/ou exploração de classe, etnia e gênero" (Netto, 1999, p. 104-5).

d) inviolabilidade do local de trabalho e respectivos arquivos e documentação, garantindo o sigilo profissional;

O local de trabalho, os arquivos, os dados e toda produção técnica do assistente social são invioláveis, salvo em caso de busca e apreensão judicial, a ser comunicada ao CRESS, pelo assistente social responsável pela documentação.

No atendimento ao usuário, em qualquer âmbito da atividade profissional, e a partir de qualquer atribuição desenvolvida, o usuário estabelece relação de absoluta confiança com o profissional. O assistente social passa a ser o depositário dos dilemas, dificuldades, problemas de toda ordem, que são transmitidos pelo usuário em situações vividas por ele. Por não raras vezes o usuário relata situações da sua vida privada que podem comprometer sua honra e sua imagem diante do conhecimento e da opinião de terceiros. Compartilha, assim, com o assistente social, relatos, que são objeto de registro escrito pelo assistente social, que somente naquele contexto é que são revelados.

Diante disso, todo o material técnico produzido pelo assistente social em relação ao usuário dos serviços sociais está protegido pelo sigilo, imposto na Constituição Federal. Sua violação por terceiros pode ensejar processo criminal por abuso de autoridade. Tais preceitos, que constituem prerrogativa do assistente social, estão também previstos por outros diplomas legais.

A Constituição Federal, em seu inciso X do artigo 5º, estabelece que: "são invioláveis a intimidade, a vida privada, a honra e a imagem das pessoas, assegurado o direito de indenização pelo dano material ou moral decorrente de sua violação".

A violação dos respectivos arquivos e documentos, onde constem registros técnicos concernentes ao trabalho realizado, consequentemente, expõe o usuário a situação constrangedora, pois revela fatos de sua intimidade e de sua privacidade, violando o princípio constitucional indicado.

O sigilo profissional se mostra imprescindível para efetivação de um trabalho profissional competente, responsável e eficiente, pois é a partir das informações colhidas que o assistente social poderá compreender a situação na sua totalidade e também na sua singularidade, podendo intervir da forma mais adequada e respeitando a dignidade do usuário, bem como sua capacidade de escolha e de decisão.

A inviolabilidade do local do trabalho e de seus arquivos é pressuposto que está presente na grande maioria das atividades profissionais regulamentadas, pois também assegura a relação de confiança entre ambos.

Nesse sentido colhemos, no âmbito do exercício da advocacia, a Resolução n. 17/2000, expedida pela Ordem dos Advogados do Brasil, seção de São Paulo, cujo conteúdo normativo, evidentemente, se aplica às demais profissões de natureza técnica, na qual estabelece:

> Não é permitida a quebra de sigilo profissional na advocacia, mesmo autorizada pelo cliente ou confidente, por se tratar de direito indisponível, acima dos interesses pertinentes, decorrente da ordem natural, imprescindível à liberdade de consciência, ao direito de defesa, a segurança da sociedade e a garantia do interesse público. (OAB, 2000)

A inviolabilidade dos arquivos situa-se, portanto, no direito da garantia do sigilo, que é preceito de ordem pública para todas as profissões e fundamenta-se no princípio da confiança, estando acima de qualquer relação contratual ou de trabalho, devendo ser preservado sob pena de poder ficar caracterizado "abuso de autoridade" pelo terceiro que incidir em tal prática.

A Lei n. 4.898, de 9 de dezembro de 1964, regula o direito de representação e o processo de responsabilidade administrativa civil e penal, nos casos de abuso de autoridade, contra as autoridades que no exercício de suas funções cometerem abusos regulados pela lei em questão. A representação poderá ser dirigida à autoridade superior que tiver competência legal para aplicar a sanção ou dirigida ao Ministério Público.

O artigo 3º da referida lei prevê as infrações que são caracterizadas como abuso de autoridade, destacando-se as alíneas "c" e "j", que estabelecem: "Art. 3º Constitui abuso de autoridade qualquer atentado: [...] c) ao sigilo da correspondência; [...] j) aos direitos e garantias legais assegurados ao exercício profissional".

A inviolabilidade do trabalho, dos arquivos e documentos do assistente social é direito que possui força de lei, uma vez que a Lei n. 8.662/93 conferiu ao Conselho Federal de Serviço Social a qualidade de órgão normativo, delegando a este tal capacidade jurídica. Além da apuração das responsabilidades administrativa, civil e criminal cabíveis contra a autoridade que violar arquivos ou documentos técnicos profissionais, caberá também, se comprovada a violação da prerrogativa, desagravo público, a ser requerido mediante representação perante o Conselho Regional de Serviço Social respectivo, em conformidade com as normas expedidas pelo CFESS, que regulamentam o procedimento para realização de tal ato.

e) desagravo público por ofensa que atinja a sua honra profissional;

O *desagravo* é um procedimento institucional, regulamentado por Resolução pelo Conselho Federal de Serviço Social, colocado à disposição do assistente social quando ofendido na sua honra, imagem ou prerrogativa profissional.

O desagravo público tem como escopo atacar o agravo, a ofensa praticada e reparar o dano, a humilhação e a angústia sofrida injustamente, experimentada no legítimo exercício da profissão.

O desagravo público se insere, portanto, na perspectiva da defesa dos direitos e prerrogativas da profissão do assistente social, protegendo o sentimento da dignidade profissional, ou o direito de conservar um valor reconhecido e adquirido socialmente.

Nesse sentido vale considerar que a ofensa representa uma violação à honra, sem distinção de seus aspectos: *subjetivo* — referente ao conceito que se faz de si próprio — e *objetivo* — referente a consideração que os demais possam dispensar às nossas qualidades, habilidades, virtudes e nossos méritos profissionais.

Gonzáles Roura, ao discorrer sobre o assunto, argumenta que:

> a honra é a própria estima e o bom conceito que gozamos na opinião dos demais e, por outra parte, fonte de elevadas satisfações morais e de vantagens sociais e até patrimoniais. Quem ataca nossa honra mina nossa tranquilidade moral e aniquila o fundamento do respeito, e destrói o bom conceito que gozamos. (Roura, 1925, p. 54)

Destacamos, a seguir, as principais prerrogativas que, se violadas em relação aos assistentes sociais determinados ou mesmo contra a profissão, autorizam os Conselhos de Serviço Social a promover o desagravo público:

1. *ofensa praticada contra a honra do profissional ou que atinja a profissão e, consequentemente, toda a categoria profissional;*

2. *livre exercício das atividades inerentes à profissão;*

3. *inviolabilidade do local de trabalho e respectivos arquivos e documentação; garantia do sigilo profissional;*

4. *ampla autonomia no exercício da profissão, não sendo obrigado a prestar serviços profissionais incompatíveis com as suas atribuições, cargos ou funções;*

5. *liberdade na realização de seus estudos e pesquisas, bem como na utilização de instrumentos e técnicas de atribuição ou competência do assistente social, em conformidade com as disposições previstas pela Lei n. 8.662/93, ou com as normas que forem regulamentadas ou expedidas pelo CFESS.*

Além dos aspectos citados, destacamos aqueles referentes ao *tratamento* que as autoridades ou superiores hierárquicos devem dispensar em suas relações com os assistentes sociais.

É certo que, por não raras vezes, os assistentes sociais têm de firmar posições técnicas/profissionais no desempenho de seu mister profissional com absoluta independência e autonomia, uma vez que para além de suas decisões individuais lhe é exigido o zelo, combatividade e intransigência na defesa das normas e princípios de seu Código de Ética, bem como no interesse dos usuários dos serviços sociais.

Por outro lado, com frequência, o profissional fica exposto a prepotência, arbitrariedade e autoritarismo de autoridades, de outros profissionais, superiores hierárquicos exatamente pela firmeza e correção na condução de sua atuação profissional.

É também neste sentido que o desagravo se insere, ou seja, quanto a forma de tratamento que é estabelecida com o assistente social, quando tal tratamento ultrapassa aos limites da urbanidade, do respeito e da crítica e se torna ofensivo.

Para que o assistente social mereça um tratamento digno, bem como respeito e garantia de suas prerrogativas profissionais, é necessário — senão imprescindível — que tenha agido de forma profissional moderada, competente, fundamentada, sem ultrapassar os limites do razoável na sua relação profissional com terceiros, sejam autoridades constituídas, superiores hierárquicos ou outros.

Assim, a par de se exigir tratamento digno, é necessário que o assistente social dispense aos outros tratamento de igual natureza, promovendo críticas e se contrapondo a eventuais procedimentos, com respeito e urbanidade para com as autoridades e todos com quem trata na vida profissional, pois o desagravo só tem sentido jurídico quando ficar devidamente comprovado que o profissional foi *injustamente* ofendido.

Se o profissional praticou, mesmo que em tese, um ato que pode ser caracterizado como violador às normas éticas, ele não pode se valer dos instrumentos de defesa das suas prerrogativas e do desagravo público para se furtar de sua responsabilidade profissional.

Por isso mesmo, em algumas situações, emerge como condição do desagravo público a apuração preliminar, a cargo do Conselho Regional de Serviço Social, de forma que possa se certificar se o ato acoimado de "ofensivo se caracteriza como tal e se consequentemente é injusto" (Terra, 2003, p. 1-6).

O desagravo não pode ser usado como objeto para contrapor-se às conclusões de um inquérito administrativo, ou de qualquer apuração, de atribuição do órgão público competente, mesmo que este tenha tramitado sem o cumprimento dos requisitos constitucionais de ampla defesa e do contraditório.

Não compete aos Conselhos de Fiscalização Profissional rever, mudar ou alterar as decisões de outros órgãos administrativos, embora possa se manifestar, democraticamente, sobre estas. Tal competência é exclusiva do Poder Judiciário que deve ser instado, pelos meios competentes, a prestar sua atribuição jurisdicional na garantia da reconstituição de direito violado.

Os assistentes sociais devem apresentar representação (documento escrito relatando os fatos; fornecendo provas e solicitando desagravo e/ou as providências cabíveis) junto aos Conselhos Regionais de Serviço Social, quando ofendidos em suas prerrogativas; coibir toda ingerência de autoridades nas relações entre assistente social e usuário, tendo em vista a importância das prerrogativas profissionais para assegurar que a atividade seja prestada com independência técnica, competência e qualidade.

O desagravo é o instrumento de garantia não só da dignidade profissional como também meio de defesa da própria profissão, conclamando publicamente a solidariedade desta contra a ofensa perpetrada ao profissional.

f) aprimoramento profissional de forma contínua, colocando-o a serviço dos princípios deste Código;

O volume de demandas atendidas pelo assistente social, bem como a variedade de atividades e a diversidade dos campos sócio-ocupacionais, exigem do profissional um aprimoramento contínuo, atualização e aperfeiçoamento, de forma que preste os serviços com absoluta qualidade e competência ético-política.

O aprimoramento profissional permitirá a construção de uma prática profissional comprometida com os interesses dos usuários e, consequentemente, com a ampliação e consolidação do acesso deles aos direitos sociais.

O aprimoramento ocorre não só por meio de participação em cursos, especializações, debates, simpósios, congressos, mas também a partir da organização dos profissionais no espaço e no horário de seu trabalho, com criação de grupos de estudo para discussão e aperfeiçoamento das situações cotidianas vividas. Este espaço, de aprimoramento no âmbito do próprio trabalho, é tarefa e conquista que se impõe aos assistentes sociais frente aos seus superiores hierárquicos, uma vez que tal direito é fundamental para o exercício profissional.

CÓDIGO DE ÉTICA DO/A ASSISTENTE SOCIAL COMENTADO

Várias legislações de órgãos e entidades públicas garantem o treinamento de seus servidores por meio de cursos de capacitação, que visam à aquisição de conhecimentos/habilidades operacionais, além de dispensar profissionais para participação de eventos de curta duração: congressos, encontros, conferências, seminários, fóruns, mesas-redondas, palestras, oficinas ou similares, bem como especializações, mestrado e doutorado, a exemplo da Resolução n. 05/93, que estabelece normas de afastamento para capacitação dos servidores técnico-administrativos da Fundação Universidade de Brasília, expedida pelo reitor da UnB, presidente do Conselho de Administração (UNB, 1993).

Dessa forma, o superior hierárquico do assistente social que impede reiteradamente e sem qualquer justificativa razoável o aprimoramento profissional daqueles que estão sob sua coordenação está violando prerrogativa profissional, dificultando que o aprimoramento da prática profissional seja efetivado pelos trabalhadores assistentes sociais. Não é demais lembrar que o aprimoramento deve ser considerado atividade profissional e, portanto, ideal que se faça no período da jornada de trabalho.

g) pronunciamento em matéria de sua especialidade, sobretudo quando se tratar de assuntos de interesse da população;

Evidentemente que falar sobre "Serviço Social" do ponto de vista técnico, no âmbito profissional, é prerrogativa do assistente social. Nessa dimensão, qual seja, da expressão da opinião ou manifestação técnica, escrita ou oral, em matéria de Serviço Social é, além de tudo, função privativa do assistente social.

Os parágrafos II e IV, do artigo 5º, da Lei n. 8.662/93 estabelecem algumas das atribuições privativas do assistente social, quais sejam: "prestar assessoria e consultoria em matéria de Serviço Social e realizar vistorias, perícias técnicas, elaborar laudos periciais, prestar informações e pareceres em matéria de Serviço Social" (CFESS, 2011b).

As atividades especificadas nos incisos III e IV do artigo 5º são indicativas e não esgotam todas as hipóteses de atuação da mesma natureza do assistente social, pois ali, somente para exemplificar, podem estar incluídas e incorporadas outras atividades similares, tais como: estudos, pronunciamentos e opiniões escritos ou verbais e outros que são instrumentos e técnicas utilizados pelo profissional.

Assim, podemos concluir que, para além de constituir-se em prerrogativa e, consequentemente, em "direito", é, sobretudo, atividade privativa que só pode ser exercida pelo profissional assistente social, devidamente inscrito no Conselho Regional de Serviço Social de sua área de atuação, conforme estabelece o parágrafo único do artigo 2º da Lei n. 8.662/93, ao estabelecer:

> Parágrafo único. O exercício da profissão de Assistente Social requer prévio registro nos Conselhos Regionais que tenham jurisdição sobre a área de atuação do interessado. (CFESS, 2011b)

Portanto, as atividades descritas no artigo 5º da Lei n. 8.662/93, por serem consideradas privativas, exigem um conhecimento técnico e saber específico, que só podem ser adquiridas por meio da realização de curso superior de graduação em Serviço Social oficialmente reconhecido, cujo diploma deve ser expedido por estabelecimento de ensino superior existente no país devidamente registrado (inciso I do artigo 2º da Lei n. 8.662/93).

Essa prerrogativa, então, tem força de lei, pois possui estatuto próprio indicando as exigências para o exercício profissional. Seu descumprimento pode ensejar diversas medidas, com reflexos na área penal, civil e administrativa.

No âmbito administrativo, ou seja, perante os Conselhos Regionais de Serviço Social, o exercício profissional de assistente social sem o cumprimento dos requisitos a que está obrigado pela Lei n. 8.662/93 pode ensejar a aplicação de multa, de acordo com os procedimentos estabelecidos em Resolução expedida pelo CFESS, após ser garantido o direito de defesa e do contraditório, bem como pode ensejar medidas penais por se caracterizar, em tese, na contravenção prevista pelo artigo 47 da Lei de Contravenções Penais, esta de âmbito de apuração pelo

Poder Judiciário, mediante comunicação do fato à autoridade policial competente ou mesmo por representação ao Ministério Público.

h) ampla autonomia no exercício da Profissão, não sendo obrigado a prestar serviços profissionais incompatíveis com as suas atribuições, cargos ou funções;

A autonomia do exercício profissional é condição que emerge da necessidade de independência técnica no fazer profissional. É condição que permite que o profissional possa fazer escolhas em conformidade com os princípios e normas do Código de Ética Profissional, realizando um trabalho com qualidade, competência ética e teórica.

A autonomia técnica é aspecto, por outro lado, que possibilita ao profissional manter sua capacidade crítica e absoluta independência na sua atividade profissional, sem se submeter a imposições ou determinações autoritárias, infundadas, incompatíveis em relação ao seu fazer profissional ou mesmo com suas atribuições e competências inerentes ao seu conhecimento e que não sejam coerentes com os princípios firmados no Código de Ética Profissional.

Vale considerar também que a autonomia profissional, por não raras vezes, é conquistada no processo "político", a partir da organização coletiva dos profissionais no âmbito do cotidiano do trabalho. Pressupõe, outrossim, a competência profissional para que as opiniões e o trabalho profissional sejam reconhecidos e, nesta medida, possam ganhar um contorno próprio sem qualquer interferência ou subordinação.

A própria natureza do trabalho do assistente social, dado seu grau técnico teórico e ético, não pode estar sujeita à interferência técnica, o que não significa, evidentemente, negar as estruturas institucionais hierárquicas e de poder, que estão presentes e são constitutivas na relação do profissional. Afinal, mesmo quando a atuação se dá na condição de empregado, servidor, contratado e outros, sujeitando-se a regramentos administrativos, burocráticos, organizacionais, estruturais, jamais deve ocorrer a interferência na sua opinião técnica, na escolha dos métodos, técnicas e instrumentos que irá utilizar para consecução de sua atividade profissional.

Sabemos que a garantia da autonomia não é tarefa isenta de dificuldades, pois as relações de poder impedem, muitas vezes, que ela seja exercida de forma irrestrita, porém é condição ética que deve ser buscada e construída cotidianamente, envolvendo competência, embasamento teórico, habilidade, atitude, firmeza e determinação nas escolhas.

i) liberdade na realização de seus estudos e pesquisas, resguardados os direitos de participação de indivíduos ou grupos envolvidos em seus trabalhos.

A liberdade é pressuposto fundamental para a realização de estudos e pesquisas do profissional assistente social. Dessa forma, qualquer tema poderá ser abordado em seus estudos e pesquisas, sendo inadmissível qualquer censura em relação à sua opinião. Diante disso, a violação de tal direito ou prerrogativa é passível de desagravo público pelo CRESS, caso comprovada a ofensa ao exercício profissional no sentido da restrição ou limitação da liberdade do profissional.

Dependendo da situação, poderão ser adotadas, a critério exclusivo do profissional, outras medidas na esfera cível ou, inclusive, na criminal, se o fato que ensejar o cerceamento da liberdade tiver reflexos no campo criminal, tal como, somente para exemplificar, o preconceito racial.

Outro aspecto que se mostra relevante, nesta disposição, é que ao mesmo tempo que reconhece e disciplina um direito também determina, de outro lado, uma obrigação quanto a proteção dos direitos de indivíduos ou grupos envolvidos, o que significa dizer que as normas éticas relativas a divulgação de tais trabalhos devem preservar as pessoas ou grupos envolvidos.

Assim, emerge desta norma, claramente, o cumprimento de obrigações em relação ao sujeito que foi objeto do estudo ou da pesquisa, tal como contar com o expresso termo de consentimento, livre e esclarecido deste.

É imprescindível que os recursos humanos e materiais disponíveis garantam o bem-estar da pessoa, grupo, comunidade, sujeito da pesquisa ou do estudo, bem como que os procedimentos utilizados pelo profissional assegurem a confidencialidade, a privacidade, a proteção da imagem e a não estigmatização, garantindo a não utilização das informações colhidas, em prejuízo destas.

Outra exigência que se afigura fundamental é que a pesquisa ou o estudo devem ser desenvolvidos, preferencialmente, com pessoas capazes juridicamente ou com pessoas com autonomia. Os indivíduos e grupos vulneráveis só devem ser objeto de pesquisa e estudos quando a investigação puder ampliar ou garantir o acesso a seus direitos.

Os valores culturais, sociais, morais, religiosos e éticos, bem como os hábitos e costumes devem ser, absolutamente respeitados, quando a pesquisa ou estudo envolverem sujeitos individuais, grupos e comunidades.

Indicamos neste comentário *somente algumas* exigências que devem ser observadas na realização da pesquisa ou do estudo, não esgotando todos os procedimentos e requisitos para a proteção dos direitos dos indivíduos e grupos que, entretanto, deverão ser buscados a partir da compreensão dos princípios deste Código de Ética, que traduzem, sem dúvida, uma concepção que deve nortear todas as ações profissionais, inclusive a atividade concernente a pesquisa e estudo no campo do Serviço Social.

Observações sobre as características das normas éticas: Tratamos, até então, no artigo 2º das prerrogativas ou direitos dos assistentes sociais, caracterizando-se como normas afirmativas à medida que preveem direitos.

A partir do artigo 3º, o Código de Ética passa a cuidar, no geral, das normas negativas, que objetivam impor formas de regramento de conduta. As normas que serão adiante previstas possuem incidência em fatos, vinculando a esse fato uma relação entre sujeitos de direito, que passa a se constituir na relação jurídica.

Deparamo-nos a seguir com duas modalidades de condutas juridicamente reguladas pelo Código de Ética: 1. obrigatória — é exigida a sua execução e vedada sua omissão; 2. proibida — é exigida sua omissão e vedada sua comissão.[5]

Um fato será considerado antiético se existir proposição prescritiva que o ponha como antijurídico e punível. Do ponto de vista do direito a conduta que não estiver proibida pelo sistema normativo ou de princípios ou não for obrigatória é permitida.

Art. 3º São deveres do assistente social:
a) desempenhar suas atividades profissionais, com eficiência e responsabilidade, observando a legislação em vigor;

Objeto jurídico: é a "eficiência" e "responsabilidade" que devem estar presentes na atividade profissional do assistente social, ou seja, na qualidade dos serviços prestados.

A conduta antiética consiste na atuação ineficiente, ou seja, de má qualidade, com erros, desacertos e incorreções. A atuação do assistente social deve ser eficiente, o que consiste em alcançar a eficácia, ou seja, um resultado concreto de boa qualidade. A eficiência, assim, está vinculada à qualidade técnica, aos métodos e aos processos éticos da atividade desenvolvida pelo assistente social.

b) utilizar seu número de registro no Conselho Regional no exercício da Profissão;

Objeto jurídico: é a informação quanto à identificação do profissional habilitado ao exercício profissional, para garantia da qualidade dos serviços prestados à sociedade.

A utilização do número do registro precedida da indicação do Conselho Regional de Serviço Social, onde o profissional está inscrito,

---

5. Comissão (positivo) ou omissão (negativo) são comportamentos humanos compreendidos pela ação ou conduta. A conduta pode consistir em fazer ou deixar de fazer. Quando fazemos alguma coisa que estava proibido, temos uma conduta comissiva; quando deixamos de fazer alguma coisa que estávamos obrigados, temos uma conduta omissiva.

é obrigação que emerge do exercício profissional, alcançando todos os documentos produzidos por este em sua atividade profissional.

Aliás, tal exigência é comum a todas as profissões regulamentadas que se organizam por meio de seus Conselhos de Fiscalização para conferir credibilidade ao trabalho ou atividade desempenhada por aquele profissional.

É também uma forma de possibilitar o controle pela sociedade, na medida em que permite que o usuário do Serviço Social se certifique da inscrição do profissional no seu Conselho e que solicite, inclusive, a exibição da identificação profissional do assistente social, para garantir que estará sendo atendido por pessoa habilitada e capacitada a prestar os serviços com competência e qualidade.

> **c) abster-se, no exercício da Profissão, de práticas que caracterizem a censura, o cerceamento da liberdade, o policiamento dos comportamentos, denunciando sua ocorrência aos órgãos competentes;**

Objeto jurídico: a defesa da liberdade como valor ético central.

A Constituição Federal de 1988 proíbe qualquer espécie de censura, seja de natureza política, ideológica ou artística (art. 220, § 2º). Assim, dentro do conceito de liberdade assegurada pelo inciso IX, artigo 5º da CF, está compreendida a proibição de qualquer forma de censura.

Neste sentido, o Código de Ética do assistente social, ao proclamar o princípio da liberdade como valor ético central, veda a conduta profissional, mesmo que velada, que tenha como objetivo censurar ou policiar comportamentos.

Do ponto de vista do direito, censura significa todo procedimento visando impedir a livre circulação de ideias, a livre manifestação de opinião ou restringir, limitar ou impedir tomada de qualquer decisão contrária aos interesses do profissional assistente social. Existe, assim, uma inegável antinomia entre liberdade e democracia e de outro lado a censura. A liberdade pressupõe a livre manifestação e expressão de ideias e opiniões. A censura, pois, é uma imposição — de quem detém este poder — autocrática, autoritária, unilateral de ideias, de opiniões, de atitudes, de condutas e de comportamentos.

É fundamental, assim, que o assistente social, na sua relação profissional, tanto com o usuário do serviço, quanto com outros profissionais ou com terceiros, considere a liberdade como pressuposto de sua conduta profissional, que é princípio fundante para afastar qualquer conduta de censura e de policiamento de comportamentos.

A norma em comento alcança qualquer violação que diga respeito a uma limitação ou interferência na liberdade do outro, eis que é um valor essencial ao ser humano e não há sentimento mais inseparável do nosso ser que o sentimento de liberdade, como afirma a revolucionária alemã Rosa Luxemburg, que considera ainda que a "liberdade é a liberdade de quem pensa diferente de nós" (Schutrumpf, 2006, p. 144).

d) participar de programas de socorro à população em situação de calamidade pública, no atendimento e defesa de seus interesses e necessidades.

Objeto jurídico: a defesa dos direitos humanos e do princípio da solidariedade.

Nesta obrigação está configurado um dever de solidariedade, na medida em que a disposição em comento estabelece ser dever do assistente social atuar, tecnicamente, em programas de socorro à população em situação de calamidade pública. Aqui, podemos concluir que qualquer profissional poderá *ser convocado* a prestar este serviço, independentemente do órgão em que trabalhe, pois se trata de situação excepcional que exige a participação nas necessidades e interesses da população.

Na hipótese de a calamidade pública ocorrer em lugares pequenos ou em cidades de pequena população habitacional e, consequentemente, com um número reduzido de assistentes sociais atuando na administração pública ou privada, os demais assistentes sociais, ainda que não estejam inseridos em atividades ou empregos formais, deverão

CÓDIGO DE ÉTICA DO/A ASSISTENTE SOCIAL COMENTADO

também acudir o chamamento nesse sentido, ou então justificar, comprovadamente, a impossibilidade de fazê-lo.

Art. 4º É vedado ao assistente social:
a) transgredir qualquer preceito deste Código, bem como da Lei de Regulamentação da Profissão;

Objeto jurídico: a defesa da profissão e da sociedade.

Esta disposição, na verdade, ratifica toda a dimensão do Código de Ética, abrangendo não só o conjunto de normas, como também os princípios. Com efeito, o Código de Ética do Assistente Social é um instrumento pelo qual se consubstancia a garantia dos direitos fundamentais da pessoa humana, consagrando em seu texto a democracia, a liberdade e a equidade tomados como valores éticos centrais, além de outros preceitos fundamentais consolidados em regras e princípios que apontam para projeção de uma outra sociabilidade, que pressupõem "a erradicação de todos os processos de exploração, opressão e alienação" (CFESS, 1993).

Consideramos, outrossim, que um preceito que decorre deste Código de Ética não precisa, necessariamente, nele ser visto ou estar previsto, mas pode ser ou estar implícito, decorrendo, evidentemente, para além do escrito, de sua concepção, expressa, inclusive, na "exposição de motivos", aqui denominada "Introdução", que evidenciam os preceitos que hão de compor, na sua totalidade, o Código de Ética do Assistente Social.

Este artigo abrange também transgressão à lei de regulamentação da profissão que esteja vinculada à conduta ética profissional. Isto porque muitas das violações que venham a ser cometidas em razão do que dispõe a Lei n. 8.662/93 deverão ser tratadas através de procedimentos próprios e específicos, uma vez que não compete às entidades de fiscalização de profissões regulamentadas apurá-las, tal como a contravenção penal de exercício ilegal da profissão, cuja competência é inicialmente da autoridade policial e em segundo momento do Poder Judiciário. Porém, nesta hipótese, compete aos Conselhos Regionais de Serviço Social, constatado o exercício de atividade privativa do assistente social, nos termos do artigo 5º da Lei n. 8.662/93, sem o preenchimento dos requisitos a que por lei está subordinado, aplicar a multa administrativa, prevista e regulamentada por Resolução do CFESS pós-cumpridos todos os procedimentos previstos pela citada resolução e garantido o direito de ampla defesa.

Note-se que ainda nesta situação a aplicação da penalidade pelo CRESS, se couber, se insere no âmbito administrativo, o que não impede a eventual apuração do mesmo fato na esfera criminal, cível e outros, conforme o caso.

De outra sorte, a apuração, o processamento, o julgamento e a punição das violações ao Código de Ética do Assistente Social são de competência, exclusiva, dos Conselhos Regionais, em primeira instância, e do Conselho Federal como instância recursal, que se faz mediante os procedimentos previstos no Código Processual de Ética, expedido pelo CFESS, em que se oportuniza ao acusado o amplo direito de defesa e do contraditório.

b) praticar e ser conivente com condutas antiéticas, crimes ou contravenções penais na prestação de serviços profissionais, com base nos princípios deste Código, mesmo que estes sejam praticados por outros profissionais;

Objeto jurídico: a defesa da dignidade e do prestígio da profissão.

O referido artigo regulamenta a prática ou a conivência do profissional assistente social com condutas criminosas ou contravencionais. Isso significa afirmar que a conduta no campo penal tem reflexos na conduta profissional. A ética pressupõe a probidade, a lisura, a honestidade e o caráter do profissional. Consequentemente, a sua conduta criminosa, neste âmbito, implica comprometimento da confiança que lhe foi depositada para atuar em atividade de tanta relevância.

Ora, se o profissional, por exemplo, comete o crime tipificado no artigo 155 do Código Penal, furtando objetos da entidade onde trabalha ou do usuário, ou praticando estelionato (art. 171) ou apropriação

CÓDIGO DE ÉTICA DO/A ASSISTENTE SOCIAL COMENTADO 161

indébita (art. 168), estará, evidentemente, criando prejuízos não só para quem foi atingido pelo ato, mas sobretudo para a sociedade. Por outro lado quebra a confiança que lhe foi depositada, cometendo um ato que abala a sua reputação pessoal e de toda a profissão.

Na interpretação desta disposição normativa e de condutas enquadradas nesta violação, é necessário, senão imprescindível, muito cuidado e cautela, eis que podemos nos defrontar com algumas disposições do Código Penal e da Lei de Contravenções Penais, que, embora sejam assim caracterizadas, algumas caíram em desuso pelo avanço dos valores e do senso comum a respeito da conduta moral, tal como o crime de "sedução", que foi revogado pela Lei n. 11.106, de 28 de março de 2005, uma vez que tal crime passou a ser de "difícil" configuração em razão da necessária conjugação de seus elementos constitutivos, quais sejam: ser a vítima virgem, com idade de até 18 (dezoito) e maior de 14 (quatorze) anos, inexperiente, ingênua e que depositasse justificável confiança em seu sedutor.

Desde a década de 1960, tal crime estava em desacordo com novos comportamentos, tendo em vista a liberdade sexual conquistada a duras penas por aquela geração.

Outras bandeiras têm sido defendidas para descriminalizar algumas condutas que hoje possuem caráter criminoso, ou seja, para que um fato descrito na lei penal deixe de ser crime. Diante disso, não se trata de incentivar a prática de qualquer crime ou contravenção, mas sim de verificar qual a sua dimensão na perspectiva da concepção ética que norteia este Código, que tem como princípio fundante a liberdade e a emancipação humana.

c) acatar determinação institucional que fira os princípios e diretrizes deste Código;

Objeto jurídico: qualidade dos serviços prestados e a defesa da autonomia profissional e dos indivíduos.

A atividade do assistente social deve pressupor a plena autonomia, seja no que diz respeito aos métodos e instrumentos que irá utilizar, seja no conteúdo de suas manifestações técnicas (pareceres, estudos, perícias, laudos e outros), que não podem admitir qualquer interferência. Na consecução de seu trabalho, o assistente social não poderá acatar qualquer determinação que fira os valores do seu Código de Ética.

Compreendemos, entretanto, que o profissional está sujeito a imposições, por não raras vezes, autoritárias de seus superiores hierárquicos, notadamente, quando atua no Poder Judiciário. Nesta medida configura-se uma situação institucional que extrapola, por muitas vezes, a vontade do profissional em não acatar tal determinação. Não obstante a correlação de forças é tão desfavorável que impede o profissional de tomar medidas individuais, sob pena de ser perseguido, repreendido, advertido formalmente, punido e até demitido, conforme o vínculo de emprego mantido com o empregador.

Por isso mesmo, em contrapartida, o Código de Ética impõe outra obrigação ao profissional que é a de denunciar ao Conselho Regional de Serviço Social qualquer forma de violação aos princípios deste Código (art. 21), sendo que tal dever visa, mais que tudo, proteger o assistente social de sofrer consequências punitivas em razão do não cumprimento de determinações abusivas, inadequadas, que firam as diretrizes deste Código e, sobretudo, a autonomia profissional.

O Conselho Regional deve intervir quando se tratar de denúncia de tal natureza, buscando, nesta situação, mecanismos administrativo-políticos ou, na hipótese de não cumprimento das orientações emanadas do CRESS, adotar medidas jurídicas ou mesmo judiciais, para que o Serviço Social da instituição possa atuar em conformidade com as normas do Código de Ética do Assistente Social.

d) compactuar com o exercício ilegal da Profissão, inclusive nos casos de estagiários que exerçam atribuições específicas, em substituição aos profissionais;

Objeto jurídico: qualidade do exercício profissional e defesa da sociedade;

O exercício ilegal de profissão é previsto pelo artigo 47 da lei de contravenções penais e é caracterizado como a prática reiterada de atos profissionais da mesma natureza, sem observar as disposições legais. Constitui contravenção penal exercer profissão sem preencher as condições a que por lei está subordinado o seu exercício.

O termo compactuar tem o sentido de estar de acordo com a prática de exercício ilegal, mesmo que seja de forma tácita. Não é necessário, para configurar a violação, da concordância expressa, verbal ou escrita do assistente social, pois tal figura se concretiza, inclusive, por omissão quanto à adoção das providências necessárias.

Abrange, inclusive, situações em que o profissional, tomando conhecimento do fato, faz "vista grossa", sem tomar qualquer atitude em relação à cessação de tal conduta ou mesmo de apresentação de denúncia de tal contravenção aos órgãos competentes. Ao deixar de fazer como descrito, estará de acordo, compactuando com o exercício ilegal.

O estagiário que exerce funções privativas do assistente social, sem supervisão direta de campo e acadêmica, estará também exercendo ilegalmente a profissão, pois não pode realizar tarefas de complexidade que são de responsabilidade do profissional que concluiu o curso de graduação em Serviço Social e que se encontra devidamente inscrito no CRESS de sua área de ação.

Em conformidade com o artigo 1º da Lei n. 11.788, de 25 de setembro de 2008, o estágio é definido como ato educativo escolar supervisionado, desenvolvido em ambiente de trabalho, que visa à preparação para o trabalho produtivo de educandos que estejam frequentando o ensino, objetivando o aprendizado de competências próprias e típicas da atividade profissional e a contextualização curricular, o desenvolvimento para a vida cidadã e para o trabalho.

Diante de tal evidência legal, é certo que o estágio tem natureza de aprendizado e não de trabalho. Nesse sentido, não é dado ao estagiário a possibilidade de exercer funções privativas do assistente social.

e) permitir ou exercer a supervisão de aluno de Serviço Social em Instituições Públicas ou Privadas que não tenham em seu quadro assistente social que realize acompanhamento direto ao aluno estagiário;

Objeto jurídico: defesa da qualificação do estágio como atividade de aprendizagem. Defesa da qualidade do exercício do assistente social e de prerrogativa da profissão.

A supervisão de estágio é uma atribuição privativa do assistente social, ou seja, é vedado a outro profissional exercer a supervisão de estagiários de Serviço Social, em conformidade com o inciso VI do artigo 5º da Lei n. 8.662/93.

O Parecer CNE/CES n. 492/2001, homologado pelo Ministro de Estado da Educação em 9 de julho de 2001 e consubstanciado na Resolução CNE/CES n. 15/2002, que veio aprovar as diretrizes curriculares para o curso de Serviço Social, especifica os componentes que devem estar presentes no estágio:

> O Estágio Supervisionado é uma atividade curricular obrigatória que se configura a partir da inserção do aluno no espaço socioinstitucional, objetivando capacitá-lo para o exercício profissional, o que pressupõe supervisão sistemática. Esta supervisão será feita conjuntamente por professor supervisor e por profissional do campo, com base em planos de estágio elaborados em conjunto pelas unidades de ensino e organizações que ofereçem estágio. (MEC, 2002)

O Conselho Federal de Serviço Social, mediante processo de discussão democrática com as entidades da categoria, direções, base e interessados, regulamentou a matéria por meio da Resolução CFESS n. 533, de 29 de setembro de 2008, considerando que era absolutamente necessário normatizar a relação direta, sistemática e contínua entre as instituições de ensino superior, as instituições de campos de estágio e os Conselhos Regionais de Serviço Social, na busca da indissociabilidade entre formação e exercício profissional, bem como considerando a importância de se garantir a qualidade do exercício profissional do assistente social, que, para tanto, deve ter assegurada uma apren-

CÓDIGO DE ÉTICA DO/A ASSISTENTE SOCIAL COMENTADO 165

dizagem de qualidade, por meio da supervisão direta, além de outros requisitos necessários à formação profissional.

Ademais, conforme consta nos "Considerandos" da referida resolução, a atividade de supervisão direta do estágio em Serviço Social constitui momento ímpar no processo ensino-aprendizagem, pois se configura como elemento síntese na relação teoria-prática, na articulação entre pesquisa e intervenção profissional e que se consubstancia como exercício teórico-prático, mediante a inserção do aluno nos diferentes espaços ocupacionais das esferas públicas e privadas, com vistas à formação profissional, conhecimento da realidade institucional, problematização teórico-metodológica.

Diante de tais elementos jurídicos que configuram esta relevante atividade profissional, a responsabilidade ética e técnica recai sobre o supervisor de campo e o supervisor acadêmico, cabendo a esses, nos termos que dispõe o artigo 8°, as seguintes obrigações, que se descumpridas também podem caracterizar, entre outras, a violação prevista neste tipo normativo.

1. Avaliar conjuntamente a pertinência de abertura e encerramento do campo de estágio;

2. Acordar conjuntamente o início do estágio, a inserção do estudante no campo de estágio, bem como o número de estagiários por supervisor de campo, limitado ao número máximo estabelecido no parágrafo único do artigo 3°;

3. Planejar conjuntamente as atividades inerentes ao estágio, estabelecer o cronograma de supervisão sistemática e presencial, que deverá constar no plano de estágio;

4. Verificar se o estudante estagiário está devidamente matriculado no semestre correspondente ao estágio curricular obrigatório;

5. Realizar reuniões de orientação, bem como discutir e formular estratégias para resolver problemas e questões atinentes ao estágio;

6. Atestar/reconhecer as horas de estágio realizadas pelo estagiário, bem como emitir avaliação e nota.

f) assumir responsabilidade por atividade para as quais não esteja capacitado pessoal e tecnicamente;

Objeto jurídico: a qualidade dos serviços prestados; a defesa da profissão.

Esta disposição estabelece, claramente, a atribuição dos Conselhos Regionais e Federais de Serviço Social no sentido de adentrarem na análise e aferirem a competência do assistente social na execução de sua atividade profissional, bem como na apuração e julgamento de questões técnicas da atividade profissional.

Isso porque a doutrina positivista costuma separar a técnica da ética, compreendendo que são duas dimensões profissionais desarticuladas. Ao contrário, consideramos que a técnica não é neutra e, nessa medida, a incompetência, a incúria, a imperícia são elementos constitutivos da conduta humana e, portanto, revelam a sua natureza ética.

A respeito deste tema Herbert Marcuse sustentou que a técnica em si já é ideológica. Em 1965, consegue o filósofo, de orientação marxista, empolgar a juventude daquela década trazendo ao debate temas que se contrapõem radicalmente à visão do liberalismo e das classes dominantes quanto ao "mito" da neutralidade da técnica, indicando que ela pode ser utilizada como instrumento de dominação, conforme transcrevemos a seguir:

> O conceito de razão técnica talvez seja ele próprio ideologia. Não somente sua aplicação mas já a técnica ela mesma é dominação (sobre a natureza e sobre os homens), dominação metódica, científica, calculada e calculista. [....] A técnica é sempre um *projeto sócio-histórico*; nela encontra-se projetado o que uma sociedade e os interesses nela dominantes pretendem fazer com o homem e com as coisas. Uma tal finalidade da dominação é "material", e nesta medida pertence à própria forma da razão técnica. (Marcuse, 1998, p. 132)

Na concepção que norteia o Código de Ética do Assistente Social, os instrumentos técnicos utilizados pelo profissional devem ser compatíveis com a concepção do projeto ético-político do Serviço

Social; estar a serviço da defesa dos usuários e dos trabalhadores; promover a defesa e a legitimação da liberdade, da cidadania, da inclusão, rejeitando qualquer forma de legitimação do poder político de dominação.

Por outro lado, outro componente deste dispositivo é a vedação de o profissional assumir atividade ou qualquer responsabilidade profissional que não esteja capacitado pessoal e tecnicamente.

Vale aqui uma diferenciação entre "capacitado" e "habilitado". Pois bem, o assistente social devidamente inscrito em seu Conselho Regional de Serviço Social está habilitado a exercer sua atividade profissional em todos os espaços e áreas sócio-ocupacionais. O registro no Conselho o autoriza e o habilita ao amplo exercício da profissão, até porque não existe especialização formal, regulamentada no âmbito das entidades de fiscalização do exercício profissional. Contudo, tal especialização ocorre a partir de uma prática profissional constante ou mediante a formação em cursos específicos, inclusive os de pós-graduação, que o capacita para atuar de forma competente naquela área. Nesta medida, diante de tantas áreas e campos onde se insere o trabalho do assistente social, a especialização implica o aperfeiçoamento em uma delas.

Ora, assim o profissional não deve assumir responsabilidade por atividade que não se sinta capacitado pessoal e/ou tecnicamente. Não existe impedimento legal, porém caso se verifique que o assistente social exerceu a atividade que não estava preparado tecnicamente, ou que por motivos pessoais atuou com incompetência, imperícia e outros, evidentemente, será apurada sua conduta, adentrando o Conselho na análise técnica e de conteúdo do trabalho realizado.

g) substituir profissional que tenha sido exonerado por defender os princípios da ética profissional, enquanto perdurar o motivo da exoneração, demissão ou transferência;

Objeto jurídico: defesa do trabalho e do projeto ético-político e da honestidade.

O cerne desta infração não é propriamente a ocupação de uma vaga deixada por profissional demitido ou exonerado. A violação se configura, no plano jurídico, por existir ou se manter na entidade ou instituição condições de trabalho que são contrárias e adversas à ética profissional.

O tipo normativo, então, está caracterizado pela ausência das condições para o exercício profissional. Quando o profissional substituído ocupa a vaga daquele que foi demitido ou exonerado, e as condições contrárias aos princípios e normas do Código de Ética se mantêm, estará sujeito à apuração da responsabilidade ética, tendo como foco as condições inadequadas para o exercício profissional.

O fato de o profissional exonerado ou demitido ter defendido a ética profissional não significa que as condições da entidade ou instituição não possam ser alteradas até que o substituto assuma aquela vaga.

Assim, se ao assumir a vaga tiverem sido superadas as condições inadequadas da entidade para oferecimento dos serviços sociais, o profissional substituto não estará violando o Código de Ética, uma vez que para se tipificar a violação desta disposição é preciso que a conjugação dos dois elementos constitutivos desta infração estejam presentes, quais sejam: 1. ocupação da vaga de profissional exonerado; 2. manutenção das inadequações, quando da assunção da vaga.

Outro aspecto relevante para caracterização da infração é que o profissional substituto tenha pleno conhecimento das condições e dos motivos que ensejaram a exoneração ou demissão do assistente social anterior.

É bom repetir, para que se tenha a exata compreensão deste dispositivo normativo, que a falta de ética se concretiza pela aceitação das inadequadas e irregulares condições da entidade, o que enseja, via de consequência, violação do profissional substituto por assumir um trabalho sendo conivente com tais irregularidades. O direito ao trabalho é garantido constitucionalmente, não sendo possível processar ou punir um assistente social, exclusivamente, porque assumiu uma vaga de um profissional exonerado, pois assim estaríamos impedindo o direito ao trabalho, desde que atendidas as qualificações que a lei exigir.

CÓDIGO DE ÉTICA DO/A ASSISTENTE SOCIAL COMENTADO

h) pleitear para si ou para outrem emprego, cargo ou função que estejam sendo exercidos por colega;

Objeto jurídico: a defesa do trabalho, da integridade da profissão.

Não se pode permitir que no âmbito das relações profissionais seja admitida conduta tendente a concorrência "desleal". Concorrência, aliás, que se refere a um proveito pessoal em situação que denota desonestidade de uma das partes, mediante um mecanismo para retirar o trabalho exercido por um colega.

Nesta situação é necessário comprovar, de forma inequívoca, que existe um pleito, pedido, solicitação, verbal ou escrita de um assistente social que objetiva tomar a vaga de um colega, também, assistente social.

A violação não se concretiza se a substituição ou demissão — do colega que ocupava o emprego, cargo ou função — seja efetivada por vontade, livre e autônoma do empregador, ou por quem seja responsável por tal procedimento, independentemente de qualquer solicitação do profissional.

i) adulterar resultados e fazer declarações falaciosas sobre situações ou estudos de que tome conhecimento;

Objeto jurídico: o prestígio da profissão; a credibilidade e a confiança profissional; garantia da qualidade do exercício profissional.

Esta disposição possui dois núcleos, nos quais se caracterizam duas condutas violadoras, quais sejam: 1. *adulterar resultados*; 2. *fazer declarações falaciosas sobre situações ou estudos de que tome conhecimento.*

Na violação tipificada por este artigo, podem estar presentes as duas situações ou somente uma, inclusive para efeito de enquadramento em procedimento apuratório.

Adulterar resultados significa alterar aquilo que é original, verdadeiro. Tal conduta também é tipificada pelo Código Penal, em seus artigos 297 e 298, que tratam, respectivamente, da falsificação de documento público e o segundo de documento privado.

Ou seja, a adulteração faz parte do núcleo do tipo normativo da "falsificação", que é mais abrangente e que deve ser considerada na sua amplitude para efeito da conduta profissional do assistente social.

A falsificação, alteração ou adulteração de documento público ou privado no âmbito do exercício profissional implica a apuração da responsabilidade ética, independentemente da responsabilidade penal, civil e administrativa, esta última que pode ser intentada pela entidade de natureza pública, onde o assistente social exerce suas atividades.

Quanto ao segundo núcleo que consubstancia a conduta de "fazer declarações falaciosas sobre situações e estudos de que tome conhecimento", abrange, inicialmente, qualquer declaração ou manifestação (pareceres, laudos, perícias, parecer, estudos, relatórios e outros de natureza técnica), seja ela escrita ou verbal.

A manifestação técnica ou declaração do assistente social que atuou ou não naquela situação deve, para se tipificar como violação, ser "falaciosa", ou seja, sem fundamento, sem base, com parcialidade manifesta, em geral caracterizada como uma manifestação irresponsável, preconceituosa, leviana, sem credibilidade, sem estar em conformidade com os princípios do Código de Ética do assistente social.

Não é necessário, para caracterização desta violação, que o assistente social esteja vinculado ou tenha ou esteja atuando naquela situação, objeto de sua manifestação ou declaração.

Por muitas vezes, ocorre que o assistente social, tomando conhecimento de um fato em que não teve qualquer atuação profissional, se arvora em se manifestar de forma inadequada, sem qualquer fundamento, sem conhecimento dos elementos históricos, sociais, econômicos, culturais que são constitutivos de uma determinada situação, ou mesmo sendo designado nomeado ou contratado para atuar profissionalmente, em uma situação, atue manifestando-se de forma irresponsável, preconceituosa, sem fundamento, com parcialidade, defendendo interesses de um dos envolvidos, ou em desacordo com a defesa dos princípios do Código de Ética do assistente social.

j) assinar ou publicar em seu nome ou de outrem trabalhos de terceiros, mesmo que executados sob sua orientação.

Objeto jurídico: defesa dos direitos autorais como bem irrenunciável; defesa do aprimoramento intelectual.

Somente aos escravos era subtraída a possibilidade do reconhecimento de seus direitos autorais. Dessa forma, tal violação ética é inadmissível no âmbito do exercício profissional.

Débora Diniz e Dirce Guilhem (2005), ao se referirem às violações éticas, utilizam-se da noção de interdito, caracterizando-as, para além da dimensão ética, como crimes, afirmando que *existem dois tipos de interdito que não podem ser violados: o reconhecimento da autoria e o registro das fontes; quem não reconhece o primeiro comete o crime de plágio; quem não reconhece o segundo comete o crime de falsidade argumentativa.*

Assim, para as autoras, a postura ética exige do assistente social na sua atividade profissional e/ou na qualidade de pesquisador a obediência a essas regras mínimas.

É fundamental o cumprimento de tais postulados do direito autoral, que, em última análise, representam a objetivação do reconhecimento do esforço e dispêndio criativo e intelectual do autor do texto, ou seja, algo valoroso na dimensão da conduta ética e política.

A apropriação de texto ou de parte de texto, sem citação da fonte, constitui também objeto desta violação, que configura a negação de um direito fundamental do autor.

TÍTULO III
DAS RELAÇÕES PROFISSIONAIS
CAPÍTULO I
Das Relações com os Usuários
Art. 5º São deveres do assistente social nas suas relações com os usuários:
a) contribuir para a viabilização da participação efetiva da população usuária nas decisões institucionais.

Objeto jurídico: possibilitar o exercício democrático dos usuários nas suas relações institucionais.

O assistente social deve "contribuir" para viabilizar tal direito, tendo em vista que, na maioria das vezes, não possui o poder de decisão nas instituições públicas ou empresas privadas que atua como assistente social.

Portanto, "contribuir" significa qualquer atuação ou postura do profissional, direta ou indireta, que aponte, defenda, discuta a participação do usuário nas decisões institucionais. Aqui nos referimos às relações de poder, que estão cristalizadas, principalmente, no âmbito do poder público, motivo pelo qual não pode mesmo ser de exclusiva responsabilidade do assistente social a mudança desta correlação, porque, muito embora o sistema que estrutura o Brasil seja caracterizado como uma democracia formal, sabemos que o aparelho de Estado está impregnado de atitudes autoritárias, burocráticas, onde se assenta uma estrutura típica do período da ditadura.

Então, quando nos referimos à participação efetiva do usuário nas decisões institucionais, apontamos para uma das dimensões do projeto ético-político do assistente social, que deve ser conquistada cotidianamente pelo profissional.

Nesse sentido o assistente social estará violando tal enunciado normativo quando, ao contrário, deixar de *contribuir* (tomar parte, cooperar, participar, concorrer com outrem para determinado fim) para viabilização da participação efetiva do usuário nas decisões institucionais.

> **b) garantir a plena informação e discussão sobre as possibilidades e consequências das situações apresentadas, respeitando democraticamente as decisões dos usuários, mesmo que sejam contrárias aos valores e às crenças individuais dos profissionais, resguardados os princípios deste Código;**

Objeto jurídico: impedir que seja estabelecida uma relação profissional autoritária com o usuário dos serviços.

O objeto está referenciado nos procedimentos democráticos que serão estabelecidos pelo assistente social na relação deste com o usuário. O enunciado normativo divide-se em dois núcleos que, contudo, possuem absoluta inteiração em sua totalidade normativa. *a.* Num primeiro momento, compete ao assistente social garantir a plena informação e discussão sobre as possibilidades e consequências das situações apresentadas, ou seja, a informação significa repassar todos os elementos que configuram a situação de interesse do usuário, sem sonegar qualquer dado, de tal forma que represente um subsídio (quantitativo ou qualitativo) no conhecimento da pessoa que a recebe. As informações prestadas, por seu turno, contribuirão para proporcionar a discussão sobre as possibilidades e consequências das situações apresentadas, permitindo que o usuário manifeste suas opiniões e que seja, sobretudo, ouvido nas suas ponderações e sugestões; *b.* O segundo núcleo refere-se ao respeito às decisões dos usuários, mesmo que sejam contrárias aos valores e crenças individuais dos profissionais, o que significa dizer que, após orientado pelo assistente social quanto às alternativas para situação discutida, o usuário decidirá livremente sobre a conduta que irá adotar, e o assistente social não interferirá em sua decisão, mesmo que contrária aos seus valores e à forma de se conduzir nas suas relações individuais ou sociais.

A ausência de informação e discussão com o usuário sobre sua situação questionada ou solicitada, na relação profissional ou mesmo quando prestada as informações e o profissional tenta interferir na decisão do usuário em razão de seus valores e crenças, sem dúvida, caracterizar-se-á como infração ética.

Entretanto, importante ressaltar que em situações de risco, perigo, emergência, tragédia e outros de tal natureza o profissional deve, após esgotar os procedimentos democráticos, informar, claramente, as consequências e riscos que poderão advir da decisão do usuário, principalmente quando tal decisão puder gerar prejuízos a este ou a terceiros.

Para cumprimento deste postulado normativo, o profissional deve se orientar nas inúmeras situações que irá se deparar no cotidiano profissional pela concepção que norteia o projeto ético-político do Serviço Social, tendo como referência a defesa da liberdade, dos direitos humanos, da cidadania e, consequentemente, a recusa de qualquer prática arbitrária, preconceituosa, discriminatória.

Evita-se, aqui, que a "autoridade" do profissional sirva como instrumento repressivo ao livre convencimento do cidadão e que exerça ingerência na vida privada dele.

c) democratizar as informações e o acesso aos programas disponíveis no espaço institucional, como um dos mecanismos indispensáveis à participação dos usuários;

Objeto jurídico: a radicalização da democracia na relação profissional.

A informação é fundamental para construção de relações de igualdade e democráticas. Quem é detentor de informação e do conhecimento pode fazer escolhas que sejam compatíveis com suas necessidades e possibilidades e pode desenvolver sua capacidade crítica à medida que recebe e que tem acesso aos meios de informação.

A transmissão de informação é conduta exigível no exercício da profissão do assistente social. Todas as informações relativas ao acesso aos programas disponíveis da instituição devem ser passadas para o usuário, de forma que ele possa participar deles.

Nesse sentido, a violação ética se concretiza na conjugação ou não dos dois núcleos negativos, quais sejam: quando o assistente social nega ou omite informações, impedindo o acesso aos programas disponíveis, e/ou quando prestando ou não as informações ele impede o acesso aos programas.

d) devolver as informações colhidas nos estudos e pesquisas aos usuários, no sentido de que estes possam usá-los para o fortalecimento dos seus interesses;

Objeto jurídico: a defesa e aprofundamento da democracia.

Aqui, trata-se da socialização de informações colhidas nos estudos e pesquisas, que devem ser devolvidas aos usuários, desde que estes possam usar os resultados para fortalecimento de seus interesses. É dever que se impõe ao assistente social que o tempo e esforço intelectual despendidos com a pesquisa ou o estudo sejam socializados em benefício dos interesses do usuário.

CÓDIGO DE ÉTICA DO/A ASSISTENTE SOCIAL COMENTADO 175

Além disso, exige-se do pesquisador uma postura ética em relação à obediência a regras mínimas, relativas a este campo, tais como a relação do pesquisador com os sujeitos da pesquisa nas questões postas pela própria pesquisa, que muitas vezes são reveladores de dilemas que não podem ser divulgados. Também deve ser assegurado o direito do anonimato daqueles que responderam à pesquisa e todas as precauções devem ser tomadas para que não se forneça quaisquer dados que permitam a sua identificação.

e) informar à população usuária sobre a utilização de materiais de registro audiovisual e pesquisas a elas referentes e a forma de sistematização dos dados obtidos;

Objeto jurídico: a defesa da intimidade e da integridade e da dignidade do usuário. A democratização das informações.

É dever do assistente social informar aos usuários, em um primeiro momento, que serão gravadas suas falas ou imagens em um determinado contexto, devendo esclarecer, outrossim, a forma de sistematização dos dados que serão obtidos.

Após o registro auditivo ou visual, o profissional também estará obrigado não só informar, bem como solicitar *autorização* da população usuária sobre a forma de utilização dos materiais obtidos a partir dos registros tanto em sistema de áudio como visual. Os seja, qualquer relato, depoimento ou declaração que for dada pelo usuário e/ou a exibição de sua imagem por qualquer meio visual prescinde de esclarecimentos e de autorização deste.

Recomenda-se, sempre, que a autorização deva ser colhida mediante termo próprio subscrito pelo interessado, em que fique expressamente consignada a autorização para exibição e, conforme o caso, a distribuição do material áudio e/ou visual, cuja natureza deve ser objeto de especificação. Além de tais requisitos, entre outros, o termo deve conter em que sistema de comunicação ou de divulgação será exibido o material e para que fins.

Tais cuidados se fazem necessários, uma vez que, além de o profissional responder pela violação ética, caso caracterizado o não cumprimento dos requisitos para divulgação de audiovisual, poderá responder a processo civil por prejuízos morais e materiais.

f) fornecer à população usuária, quando solicitado, informações concernentes ao trabalho desenvolvido pelo Serviço Social e as suas conclusões, resguardado o sigilo profissional;

Objeto jurídico: defesa da intimidade e do sigilo profissional. Defesa de direito de cidadania.

A amplitude do termo "população usuária" conjugada com as "informações do trabalho desenvolvido pelo assistente social" "quando solicitado" indica, claramente, a obrigação que deve ser dirigida a um "coletivo", qual seja, a população.

Não se trata aqui de um dever individualizado, dirigido a um usuário específico, pois tal dimensão individual está prevista na alínea "h" deste mesmo artigo.

Diante disso, a obrigação emerge de uma solicitação da população usuária, que pode ser manifestada verbalmente ou por escrito, em situações que expressam os interesses desse grupo de pessoas. Essa solicitação pode, por exemplo, ser feita em uma reunião, em um encontro, em uma audiência em que as informações desenvolvidas pelo Serviço Social devem ser prestadas adequadamente, de forma clara e compreensível, resguardado o sigilo, caso as informações e esclarecimentos envolvam pessoas e usuários determinados.

Portanto, este artigo é composto de dois núcleos que impõem duas obrigações ao assistente social, sendo a primeira a obrigação de informar, nas condições descritas, e a segunda é a de manter o sigilo se as pessoas, eventualmente, estiverem envolvidas naquela informação.

g) contribuir para a criação de mecanismos que venham desburocratizar a relação com os usuários, no sentido de agilizar e melhorar os serviços prestados;

Objeto jurídico: ampliação e consolidação da cidadania.

A burocracia se expressa na existência de procedimentos institucionais de controle, desnecessários, meramente formais, mantidos para dificultar: o acesso à informação, o acesso a benefícios, a consolidação de direitos de cidadania.

Como consequência da burocracia, que impõe rigoroso controle, "a subjugação do sujeito e sua crescente alienação são inevitáveis, seja no nível da divisão técnica, pela separação não só entre o homem e os instrumentos de produção e o produto de seu trabalho, mas também entre os próprios membros da organização" (Botti, 2011, p. 126).

São procedimentos revestidos de autoritarismo que, por não raras vezes, humilham e constrangem os usuários, eis que implicam a relação de subordinação e de subalternidade daquele a quem se destina o serviço.

Leon Trotsky dedicou vários estudos ao problema da burocracia, embora sua visão mais geral sobre a questão está exposta em seu livro *A revolução traída* (1980), no qual a "burocracia" representa a rigidez do aparelho do Estado que sufoca a democracia. A burocracia acaba por engendrar interesses próprios e particulares de castas, opostos aos interesses coletivos da sociedade. A burocracia se mantém na concessão de privilégios, criando muitas regras, controles e procedimentos redundantes e desnecessários ao funcionamento do sistema.

Diante disso, é dever do assistente social *contribuir, sendo ele ou não o responsável direto pela criação dos mecanismos burocráticos utilizados institucionalmente,* para desburocratização das relações com o usuário, na perspectiva de democratização dos serviços e dos mecanismos institucionais, sob pena de caracterização da violação de que trata este artigo.

h) esclarecer aos usuários, ao iniciar o trabalho, sobre os objetivos e a amplitude de sua atuação profissional.

Objeto jurídico: a socialização de informações de interesse do usuário.

É muito comum, no campo das profissões regulamentadas de nível superior (Medicina, Direito, Serviço Social, Psicologia, Engenharia e outras), reconhecidas socialmente, a cultura da "superioridade" do "doutor", que impõe, em geral, uma relação verticalizada de poder e de supremacia de seu saber.

O usuário dos serviços, em geral, não tem acesso a qualquer informação sobre os objetivos da intervenção profissional em relação a sua situação, e quando o profissional é perguntado ou questionado, por vezes, não se dispõe a esclarecer em atitude, claramente, assumindo, portanto, uma postura "arrogante" e de superioridade em relação ao usuário.

Ao contrário dessa prática nefasta, tão cristalizada nas relações profissionais, o assistente social tem o dever de prestar esclarecimentos aos usuários, ao iniciar sua intervenção com ele, acerca dos objetivos e da amplitude de sua atuação, ou seja, deve explicitar como será desenvolvido o trabalho e quais as técnicas e instrumentos que utilizará.

Art. 6º É vedado ao assistente social:
a) exercer sua autoridade de maneira a limitar ou cercear o direito do usuário de participar e decidir livremente sobre seus interesses;

Objeto jurídico: garantia da liberdade, cidadania.

A opinião técnica do assistente social que, evidentemente, não é neutra não pode interferir na decisão do usuário. Isso significa dizer que tal regra impede qualquer forma de autoritarismo do assistente social em relação ao usuário dos serviços. Assim, nenhuma limitação ou imposição pode haver na decisão do usuário, inclusive de participação em qualquer atividade e na escolha livre daquilo que pretende adotar como expressão de seus valores no seu cotidiano. É importante frisar que esta disposição normativa possui extrema relevância, pois o Código de Ética profissional do assistente social veda práticas autoritárias na relação profissional, o que representa a valoração e o respeito a cultura, valores, hábitos e costumes do usuário. Expressa-se nesta disposição a dimensão da construção de uma relação democrática com o usuário, pois o saber profissional não pode e não deve ser superior ao conhecimento do usuário; não pode servir para elitizar a relação, permitindo que o profissional imponha condutas na medida em que possui um "saber superior".

A concepção democrática que se faz presente em todo o Código de Ética do assistente social pressupõe que a opinião do usuário se torne qualificada, enquanto cidadão que deve ter da sociedade um tratamento respeitoso.

O saber, o conhecimento e a profissionalização do assistente social, "sobre o qual recai o peso da estratificação de classe", não podem e não devem estar a serviço dos interesses do capitalismo, de forma que reforça o projeto desta sociedade, que exclui as classes subalternas das decisões.

Nesse sentido, o tipo objetivo desta norma é "limitar e cercear manifestação ou ação do usuário" que se consuma na relação profissional mediante conduta que impede o direito de este participar e decidir livremente sobre seus interesses.

Gramsci, ao discutir o papel dos intelectuais, parte da premissa de que "todos os homens são intelectuais, mas nem todos os homens desempenham na sociedade função de intelectuais" (2000, p. 11-26), referindo-se ao modo de produção capitalista que se expressa na sociedade e no aparato de coerção estatal e assegura legalmente sua disciplina aos subalternos.

Significa que a norma em comento se opõe ao tratamento, que, em geral, é conferido pelas instituições públicas e outras aos usuários dos serviços sociais. Significa, ademais, proteger o usuário, garantindo-lhe o direito de participar e decidir livremente sobre seus interesses na medida em que o reconhece como sujeito capaz de pensar, elaborar e apresentar alternativas para as dificuldades e dilemas vividos no seu cotidiano, o que corrobora com a reflexão de Gramsci (2000).

b) aproveitar-se de situações decorrentes da relação assistente social-usuário, para obter vantagens pessoais ou para terceiros;

Objeto jurídico: defesa do princípio da honestidade, da probidade na relação com usuário. Defesa do usuário e de sua integridade econômica e contra atuação exploratória cometida pelo profissional.

Na relação com o usuário o assistente social deve se pautar por conduta transparente, democrática e absolutamente honesta, no sentido de receber somente aquilo que lhe é devido. O desvio abusivo dos poderes inerentes à profissão para exigir do usuário, para si ou para terceiro, outras prestações ou vantagens que não são as previstas legalmente caracteriza-se, além da impontualidade ética, uma ilegalidade. Tratando-se de profissional servidor, empregado, contratado da administração direta ou indireta, o assistente social estará sujeito a responsabilidade criminal, que deverá ser apurada pela autoridade competente. Neste sentido a gravidade desta conduta é de tal monta que a ordem jurídica a define como crime contra a administração em geral, porque constitui forma de corrupção pública em sentido amplo.

De outra sorte, a intenção de proteção das atividades e atos desempenhados pela máquina administrativa foi confirmada com a alteração advinda da Lei n. 9.983, de 14 de julho de 2000, que ampliou o conceito de funcionário público, tornando evidente o propósito de tutelar a adequada prestação de serviços públicos.

c) bloquear o acesso dos usuários aos serviços oferecidos pelas instituições, através de atitudes que venham coagir e/ou desrespeitar aqueles que buscam o atendimento de seus direitos.

Objeto jurídico: ampliação e consolidação da cidadania. Defesa da garantia dos direitos sociais, civis e políticos dos usuários dos serviços sociais.

O assistente social deve colocar os serviços que são oferecidos pela instituição à disposição do usuário, e, consequentemente, facilitar o acesso a eles.

A violação prevista neste artigo se caracteriza, exatamente, quando o assistente social manifesta atitudes que possam representar qualquer tipo de coação ou desrespeito ao usuário e com isso bloquear, direta ou indiretamente, seu acesso aos serviços.

CAPÍTULO II
Das Relações com as Instituições Empregadoras e outras
Art. 7º Constituem direitos do assistente social:

Observações sobre a natureza deste artigo: este artigo volta a regulamentar as *"prerrogativas"* do assistente social na sua atividade profissional. Vale lembrar que o elenco de direitos e prerrogativas foi, inicialmente, previsto pelo artigo 2º deste Código, no qual foram, inclusive, indicados os mecanismos que podem ser utilizados pelo profissional quando ameaçado, limitado ou cerceado em seus direitos, autonomia, dignidade profissional.

Objeto jurídico geral: a defesa das prerrogativas, da dignidade, da competência e qualidade do exercício profissional.

a) dispor de condições de trabalho condignas, seja em entidade pública ou privada, de forma a garantir a qualidade do exercício profissional;

Este direito é fundamental para que o assistente social possa garantir a qualidade dos serviços prestados à sociedade. Nesse sentido, é condição obrigatória para realização de qualquer atendimento ao usuário do Serviço Social a existência de espaço físico em condições satisfatórias e suficientes para abordagens individuais ou coletivas, conforme as características dos serviços prestados, nos termos que estabelece a Resolução CFESS n. 493, de 21 de agosto de 2006, expedida para regulamentar as condições e parâmetros normativos, claros e objetivos, para garantir que o exercício profissional do assistente social possa ser executado de forma qualificada ética e tecnicamente.

Quanto ao local de atendimento, a resolução antedita estabelece os parâmetros para garantia da qualidade, considerando os seguintes requisitos: *a.* iluminação adequada ao trabalho diurno e noturno, conforme a organização institucional; *b.* recursos que garantam a privacidade do usuário naquilo que for revelado durante o processo de intervenção profissional; *c.* ventilação adequada a atendimentos breves ou demorados e com portas fechadas e espaço adequado para colocação de arquivos para a adequada guarda de material técnico de caráter reservado.

O atendimento efetuado pelo assistente social deve ser feito com portas fechadas, de forma que garanta o sigilo. O material técnico utilizado e produzido no atendimento é de caráter reservado, sendo seu uso e acesso restrito aos assistentes sociais.

O assistente social deve informar por escrito à entidade, instituição ou órgão que trabalha ou presta serviços, sob qualquer modalidade, acerca das inadequações constatadas quanto às condições éticas, físicas e técnicas do exercício profissional, sugerindo alternativas para melhoria dos serviços prestados.

b) ter livre acesso à população usuária;

Para que o desenvolvimento do trabalho do assistente social seja realizado de maneira competente é fundamental que tenha acesso aos usuários dos serviços, seja de forma individualizada, em grupos, comunidades e outras.

Tal acesso, totalmente livre, que significa sem qualquer controle ou no momento definido pelo profissional, deve ser uma garantia nas suas relações de trabalho.

Isso significa dizer que o assistente social não poderá sofrer qualquer interferência ou restrição no exercício de tal prerrogativa, podendo, a seu critério, se deslocar para ter acesso aos usuários ou atendê-los conforme o caso em seu local de trabalho, se assim for conveniente, adequado e possível.

Evidentemente que tal atividade, quando não for de praxe ou de rotina na instituição, ou não tiver prevista na descrição das funções do assistente social, deverá ser informada, de preferência por escrito, ao superior hierárquico, em que serão expostos os fundamentos que ensejam a necessidade de deslocamento, ou não, para o acesso livre à população usuária.

O certo, porém, é que independente dos mecanismos utilizados pelo assistente social, que deverão ser sempre lícitos, a este deve ser garantido o livre acesso a população usuária, pois tal atividade é inerente às suas atribuições.

c) ter acesso a informações institucionais que se relacionem aos programas e políticas sociais e sejam necessárias ao pleno exercício das atribuições profissionais;

Esta prerrogativa também é fundamental para que o exercício profissional seja desempenhado com a necessária competência e qualidade.

O pressuposto é que tais informações, relativas aos programas e políticas sociais vinculadas ao exercício das atribuições do assistente social na instituição, estejam sempre à sua disposição, para que sua atuação seja ampla e competente. Aliás, esta é uma condição da máquina administrativa de um Estado que se reivindica "democrático" e que atua com políticas e programas sociais voltados para a "diminuição" das desigualdades estruturais produzidas pela acumulação do capital.

A possibilidade de acesso às informações institucionais, *que não sejam sigilosas ou secretas*, para além de ser uma prerrogativa profissional do assistente social, é uma obrigação constitucional das entidades públicas, que são regidas pelo princípio da transparência e da publicidade de seus atos, documentos e procedimentos internos.

d) integrar comissões interdisciplinares de ética nos locais de trabalho do profissional, tanto no que se refere à avaliação da conduta profissional, como em relação às decisões quanto às políticas institucionais.

É direito que tem como fundamento o aperfeiçoamento do exercício profissional. Deve-se esclarecer que as comissões interdisciplinares de ética, constituídas e executadas no local de trabalho, têm como função discutir e avaliar questões éticas comuns à equipe, que vivencia dilemas, dificuldades, conflitos em situações que atuam conjuntamente.

Não cabe a esta comissão interdisciplinar fazer juízo de valor de condutas individuais de profissionais — nem de seus pares nem de outras áreas afins —, pois tal atribuição é de competência exclusiva das entidades de fiscalização profissional, criadas por lei, com personalidade jurídica de natureza pública, com atribuição, entre outras, de funcionar como Tribunais de Ética, após garantido o pleno e amplo direito de defesa aos acusados, em processos disciplinares éticos.

Art. 8º São deveres do assistente social:
a) programar, administrar, executar e repassar os serviços sociais assegurados institucionalmente;

Objeto jurídico: garantia ao acesso a bens e serviços relativos aos programas e políticas sociais.

A norma em comento possui dois núcleos, sendo que o primeiro "programar, administrar, executar" é inerente às atribuições do assistente social, previstas pela Lei n. 8.662/93, que na atividade institucional, pública e privada, é uma das atividades do Serviço Social.

Considere-se que, para além de uma atribuição profissional, é dever ético que os programas e as políticas sociais sejam programados, administrados e executados, e a ausência de tal conduta profissional é caracterizada como violação ao Código de Ética. Portanto, é forçoso concluir que a omissão profissional em relação ao primeiro núcleo é conduta que autoriza apuração de responsabilidade ética. São três as fases a que se refere a primeira formulação normativa, quais sejam: a *primeira* refere-se a programar, que significa que o assistente social deve planejar sua atividades; a *segunda* refere-se a administrar, exprimindo a coordenação e a utilização de métodos de gestão para obtenção de resultados eficientes, céleres e de qualidade; e a *terceira* executar, ou seja, levar a efeito, pôr em prática e repassar, que significa que o assistente social colocará em prática ou levará a efeito a sua programação, garantindo o acesso do usuário aos serviços sociais já assegurados institucionalmente.

Aqui, portanto, está presente o componente da eficiência, eis que o pressuposto é que os serviços sociais já estão assegurados e previstos institucionalmente, só dependendo do trabalho do assistente social para viabilizá-los e colocá-los à disposição dos usuários.

b) denunciar falhas nos regulamentos, normas e programas da instituição em que trabalha, quando os mesmos estiverem ferindo os princípios e diretrizes deste Código, mobilizando, inclusive, o Conselho Regional, caso se faça necessário;

Objeto jurídico: a defesa e proteção da sociedade; defesa dos direitos humanos.

É dever social denunciar as falhas, normas e programas da instituição onde trabalha, sob pena de ser responsabilizado por conivência.

Este dever visa, em última análise, à proteção do assistente social e da sociedade, uma vez que, segundo esclarece Marilda Iamamoto (2004), embora o assistente social disponha de uma relativa autonomia na sua condução do trabalho — o que lhe permite atribuir uma direção social ao exercício profissional —, os organismos empregadores também interferem no estabelecimento de metas a atingir. Detêm poder para normatizar as atribuições e competências específicas requeridas de seus funcionários, definem as relações de trabalho e as condições de sua realização — salário, jornada, ritmo e intensidade do trabalho, direitos e benefícios, oportunidades de capacitação e treinamento, o que incide no conteúdo e nos resultados do trabalho. [...]

Dessa forma, as condições institucionais, seus programas, normas, regulamentos e, sobretudo, sua prática cotidiana, muitas vezes, denotam a reprodução e afirmação dos valores do capitalismo, que se contrapõem aos princípios e normas do Código de Ética do assistente social, ficando o profissional impossibilitado de alterar a correlação de forças no âmbito institucional para determinação de qualquer alteração de sua estrutura, seja em relação aos procedimentos do seu trabalho, seja em relação aos programas relativos aos usuários.

Diante de tal quadro, o assistente social tem a obrigação de denunciar ao Conselho Regional de Serviço Social competente, principalmente, quando tais falhas digam respeito à violação dos direitos humanos ou a qualquer princípio contido no Código de Ética em comento.

c) contribuir para a alteração da correlação de forças institucionais, apoiando as legítimas demandas de interesse da população usuária;

Objeto jurídico: defesa do direito de cidadania; garantia dos direitos civis sociais e políticos da classe trabalhadora.

Trata-se de obrigação colocada no exercício da atividade do assistente social que representa a defesa de interesses da população usuária, mesmo quando a instituição ou entidade onde trabalha ou está vinculado o profissional seja contrária, se oponha, restrinja ou limite o interesse legítimo do usuário.

O dispositivo em questão impõe como requisito da obrigação ética que o apoio do assistente social às demandas da população seja *condicionado à legitimidade*.

A designação legitimidade, adotada neste artigo, tem conotação de ação que se conforma com a equidade, justiça social, liberdade e que tem apoio expressivo do segmento social interessado.

A demanda legítima pode, então, ser compreendida como um poder cuja titulação se encontra alicerçada juridicamente (Bobbio, 2003, p. 674) na expressão de um movimento social, real e justo, embora não necessariamente legal.

Bem visível que há uma proposição, na presente disposição normativa, de uma identidade entre legitimidade, liberdade e justiça social, cuja demanda objeto de interesse da população usuária deva contribuir para consolidação dos princípios inscritos no Código de Ética, na perspectiva, entre outros, da ampliação e consolidação da cidadania, defesa dos direitos humanos, do aprofundamento da democracia, enquanto socialização da participação política e da riqueza socialmente produzida.

d) empenhar-se na viabilização dos direitos sociais dos usuários, através dos programas e políticas sociais;

Objeto jurídico: defesa dos direitos humanos e da cidadania.

O tipo objetivo desta obrigação é a conduta profissional persistente, contínua, interessada, diligente para viabilização dos direitos sociais dos usuários, mediante a implantação de programas e políticas sociais.

Então, o empenho deve se expressar objetivamente na atividade profissional do assistente social, a partir de apresentação de propostas, projetos, programas, escritos e intervenções de qualquer natureza junto aos responsáveis pela instituição ou entidade, demonstrando a capacidade e a possibilidade desta atuação com os usuários.

É fundamental que o "empenho" seja demonstrado e comprovado pelo assistente social na eventual alegação, por qualquer interessado, de descumprimento pelo assistente social de tal disposição normativa.

A dimensão desta obrigação situa-se, com certeza, na defesa da ampliação e consolidação da cidadania com vistas à garantia e acesso a direitos sociais.

e) empregar com transparência as verbas sob a sua responsabilidade, de acordo com os interesses e necessidades coletivas dos usuários.

Objeto jurídico: a integridade, a honestidade e a credibilidade da profissão.

A utilização das verbas, sob a responsabilidade do assistente social, deve ser empregada de forma transparente, o que significa sua ampla divulgação por instrumentos que possibilitem o efetivo conhecimento de todos os interessados, para inclusive opinarem sobre a adequada utilização.

Neste artigo, além da transparência, que é requisito exigível na conduta profissional, a forma de aplicação das verbas também faz parte do núcleo normativo.

Com efeito, não basta somente a conduta transparente, eis que deve estar conjugada à adequada aplicação e à destinação de tais recursos, que, segundo direção do instrumento normativo, deve estar voltada aos interesses e necessidades coletivas dos usuários.

A destinação inadequada das *verbas públicas* caracteriza-se como ato de improbidade administrativa, apontada na Lei n. 8.429/92, eis que são requisitos necessários ao exercício de qualquer cargo público, a moralidade que se faz compor da honestidade, lealdade, imparcialidade, que devem nortear o comportamento e decisões dos agentes públicos, inclusive do assistente social, quando este, notadamente, exerce um cargo público.

Não obstante, tal violação não alcança somente os assistentes sociais investidos em cargos públicos, abrangendo qualquer forma de relação, inclusive as regidas por contratos de terceiros, as celetistas e inclusive o trabalho voluntário.

Art. 9º É vedado ao assistente social:
a) emprestar seu nome e registro profissional a firmas, organizações ou empresas para simulação do exercício efetivo do Serviço Social;

Objeto jurídico: a proteção dos valores da honestidade, da confiança e da credibilidade do Serviço Social. Defesa da qualidade do exercício profissional.

Esta conduta é repelida por vários campos do Direito, para além da violação ética, pois tal conduta também pode ser caracterizada como crime, eis que pode se configurar como estelionato, previsto pelo artigo 171 do Código Penal, porque objetiva enganar a boa-fé de terceiros, mediante proveito próprio.

Porém, para que haja tipificação desta violação no campo ético não é necessário que o assistente social obtenha qualquer proveito ou vantagem pessoal ou material com o ato. O simples fato de emprestar o seu nome sem o exercício profissional respectivo, por si só, já concretiza a infração prevista neste artigo, pois viola valores do projeto ético-político do Serviço Social, cujo profissional deve pautar sua conduta.

Simular o exercício profissional e emprestar o número do registro é conduta bastante grave, pois retira da sociedade a confiança que deveria depositar na profissão. Coloca, ainda, em descrédito a atividade profissional, que necessita estabelecer uma relação de absoluta confiança, de honestidade, transparência, igualdade e, sobretudo, de respeito com os usuários do Serviço Social e na sua interlocução com a sociedade.

b) usar ou permitir o tráfico de influência para obtenção de emprego, desrespeitando concurso ou processos seletivos;

Objeto jurídico: a proteção dos valores da honestidade, da confiança.

Na hipótese tratada no presente artigo, a utilização para si ou a permissão em razão de terceiros de favores, para obtenção de emprego, ou de cargo público, burlando as normas concernentes ao concurso e seleção pública, é caracterizada como falta ética.

A tipificação do crime está prevista pelo artigo 332 do Código Penal, que consiste na aceitação de favores de um gestor, visando adquirir vantagens pecuniárias ou profissional (cargos) e, como já foi mencionada, a apuração da responsabilidade ética independe da penal, que são feitas e processadas de forma independente.

É um crime praticado por particular contra a administração pública em geral. Consiste em solicitar, exigir, cobrar ou obter, para si ou para outrem, vantagem ou promessa de vantagem, a pretexto de influir em ato praticado por funcionário público no exercício da função. A conduta objeto da infração é usar e permitir o tráfico de influência.

c) utilizar recursos institucionais (pessoal e/ou financeiro) para fins partidários, eleitorais e clientelistas.

Objeto jurídico: a lisura nos procedimentos de gestão pública.

A utilização de recursos institucionais para fins partidários, eleitorais ou clientelista é conduta que viola as normas éticas. A disposição abrange qualquer recurso que seja utilizado institucionalmente, que pode ser material, pessoal, financeiro, humano ou de qualquer natureza. Este artigo abrange, outrossim, qualquer tipo de eleição, seja aquela realizada no âmbito de entidade da categoria ou aquela que diga respeito à eleição geral para preenchimento de cargos no Poderes Executivos, Legislativo e outros. Há que se provar, para caracterização da violação, que os recursos foram utilizados para fins partidários eleitorais, clientelistas, desviando, assim, sua aplicação em conformidade com sua finalidade.

De qualquer forma, é relevante destacar que os recursos institucionais só podem ser utilizados dentro das finalidades institucionais, ou seja, de seu objeto e para os fins que se destinam.

CAPÍTULO III
Das Relações com Assistentes Sociais e outros Profissionais
Art. 10. São deveres do assistente social:
a) ser solidário com outros profissionais, sem, todavia, eximir-se de denunciar atos que contrariem os postulados éticos contidos neste Código;

Objeto jurídico: defesa de uma outra forma de sociabilidade. Defesa da dignidade humana.

A presente disposição impõe ao assistente social, na sua relação profissional, ser solidário, o que representa o compromisso pelo qual as pessoas se obrigam uma pelas outras, se auxiliam mutuamente.

Pois bem, ser solidário significa contribuir com a superação ou mesmo com a compreensão da dimensão da dificuldade do outro. Nesse sentido, a solidariedade tem componente claramente ideológico, contrapondo-se a conduta típica da ordem capitalista que incentiva o individualismo, o egoísmo, colocando os seres humanos em situação de constante oposição e concorrência.

No entanto, a solidariedade como regra geral é excepcionada quando se tratar de conduta que contraria os postulados do Código de Ética, o que exigirá, ao contrário, a apresentação de denúncia aos órgãos competentes.

Dessa forma, embora a solidariedade seja prevista como padrão de conduta, ela não pode subsistir quando se tratar de situação na qual o princípio deve prevalecer sobre qualquer outra possibilidade.

Assim, mesmo que em uma situação de violação ao Código de Ética esteja presente a conduta solidária, a denúncia será exigida, sob pena do cometimento, igualmente, de infração ao Código de Ética por aquele que prestar solidariedade.

b) repassar ao seu substituto as informações necessárias à continuidade do trabalho;

Objeto jurídico: a defesa do usuário e da qualidade do exercício profissional; socialização das informações.

A obrigação que se impõem nesta norma é de fundamental importância para assegurar a continuidade do trabalho em relação ao usuário do Serviço Social.

O assistente social que estiver se desligando de um trabalho, ainda que tenha sido demitido, independente do vínculo que mantém com a entidade, instituição ou órgão e outros, está obrigado a repassar ao seu substituto as informações e esclarecimentos necessários que possibilitem a continuidade do trabalho do substituto.

Nesse sentido, o assistente social não pode omitir qualquer informação acerca da atividade que desenvolvia, abrangendo não só as informações verbais, mas a localização de documentos, papéis e materiais de toda a natureza que possam contribuir para que a atividade não sofra solução de continuidade.

É importante que o usuário que será atendido pelo profissional substituto se sinta confiante e seguro na intervenção do novo profissional, que deve ter domínio e conhecimento processual de todas as situações que ali são atendidas.

O profissional estará violando o Código de Ética, mesmo que prestando algumas informações e esclarecimentos sobre a localização de documentos, omita outras importantes para a continuidade do trabalho.

c) mobilizar sua autoridade funcional, ao ocupar uma chefia, para a liberação de carga horária de subordinado, para fim de estudos e pesquisas que visem o aprimoramento profissional, bem como de representação ou delegação de entidade de organização da categoria e outras, dando igual oportunidade a todos;

Objeto jurídico: compromisso com a qualidade dos serviços prestados com o aprimoramento profissional e intelectual, para assegurar a competência profissional. Compromisso a favor da equidade.

O assistente social que ocupa uma chefia está obrigado a "mobilizar" a "autoridade" funcional para liberação da carga horária de seus subordinados. Portanto, temos aqui um núcleo que representa o fundamento da ação, que é o cerne da obrigação exigível nesta disposição.

Primeiro, vale destacar que a proposição desta norma, ao mencionar "ocupar uma chefia", abrangeu todas as formas contemporâneas ou clássicas de relação de trabalho ou de emprego, ou seja, não importa a condição ou a natureza jurídica da atividade de chefia, bastando a condição deste exercício para se configurar a conduta ética exigível.

Diante disso, o assistente social que ocupa a chefia tem o dever de mobilizar a autoridade funcional para liberação de seus funcionários. Se ele for a própria "autoridade funcional", estará vinculada a tal obrigação, uma vez que é destinatário da decisão. Não obstante, se o chefe estiver subordinado a uma autoridade superior, deverá empreender todos os esforços para obter a liberação de carga horária de seus subordinados, desde que para os fins especificados nesta disposição. Neste contexto, mobilizar significa a utilização de todos os argumentos possíveis, escritos ou verbais para convencimento da "autoridade funcional", da conveniência, necessidade da liberação de assistentes sociais.

Por outro lado, a liberação da carga horária deve estar em consonância com as finalidades expressas nesta disposição, quais sejam: para fins de estudo e pesquisa que visem ao aprimoramento profissional, bem como de representação ou delegação de entidade de organização da categoria e outras, dando igual oportunidade a todos.

É fundamental que a liberação da carga horária não se torne ou se caracterize como privilégio concedido somente a alguns assistentes sociais. Tal possibilidade deve ser, para evitar desigualdades, regulamentada por um instrumento interno do setor, construído, de preferência, coletivamente para definir os critérios e a rotatividade das liberações, sob pena de se tornar um mecanismo injusto, o que enseja também a apuração por sua violação, pois a disposição normativa em comento exige que se dê igual oportunidade a todos.

d) incentivar, sempre que possível, a prática profissional interdisciplinar;

Objeto jurídico: a defesa do atendimento integral ao usuário. Universalização do acesso aos serviços.

A prática interdisciplinar é fundamental no atendimento do usuário, quando a instituição, entidade, unidade e outros contar com uma equipe de profissionais diversificada.

Por isso mesmo é dever do assistente social incentivar a prática interdisciplinar e contribuir para a construção de princípios favoráveis ao acolhimento do usuário, possibilitando a estes modos mais solidários de estabelecerem suas relações com os profissionais e estes entre si, contribuindo, ademais, para novas formas de organização do trabalho.

Além do mais há que se considerar a crescente inserção do assistente social em espaços sócio-ocupacionais que exigem a atuação com profissionais de outras áreas, requerendo uma intervenção interdisciplinar com competência técnica, teórico-metodológica e ético-política.

Aqui a obrigação está caracterizada pela conduta de "incentivar", ou seja, a partir da manifestação escrita ou verbal da importância da prática interdisciplinar. A negação, o boicote, a utilização de mecanismos como a não participação em equipes interdisciplinares e outros, ao contrário, revelam uma conduta que fere os princípios deste Código e caracterizam violação à norma em comento.

Vale, ainda, esclarecer que, ao atuar em equipes, o assistente social deverá respeitar as normas e limites legais, técnicos e normativos das outras profissões, em conformidade com o que estabelece o Código de Ética do assistente social, regulamentado pela Resolução CFESS n. 273/93, bem como a especificidade de sua área de atuação.

Por isso mesmo, o entendimento ou opinião técnica do assistente social sobre o objeto da intervenção conjunta com outra categoria profissional e/ou equipe multi ou interdisciplinar deve destacar a sua área de conhecimento separadamente, delimitar o âmbito de sua atuação, seu objeto, instrumentos utilizados, análise social e outros componentes que devem estar contemplados na opinião técnica.

O assistente social deverá emitir sua opinião técnica somente sobre o que é de sua área de atuação e de sua atribuição legal, para qual está habilitado e autorizado a exercer, assinando e identificando seu número de inscrição no Conselho Regional de Serviço Social. Assim, a conclusão manifestada por escrito pelo assistente social tem seu âmbito de intervenção nas suas atribuições privativas.

e) respeitar as normas e princípios éticos das outras profissões;

Objeto jurídico: a defesa da competência profissional e a defesa da sociedade.

É certo que o profissional assistente social vem trabalhando em equipe multiprofissional ou interdisciplinar, na qual desenvolve sua atuação conjuntamente com outros profissionais, buscando compreender o indivíduo na sua dimensão de totalidade e, assim, contribuindo para o enfrentamento das diferentes expressões da questão social, abrangendo os direitos humanos em sua integralidade, não só a partir da ótica meramente orgânica, mas a partir de todas as necessidades que estão relacionadas à sua qualidade de vida.

Nesse sentido, é fundamental que o assistente social respeite as normas das outras profissões. Isso significa dizer que não poderá, entre outros, exercer atividades privativas de outras profissões, mesmo que atue em equipes multiprofissionais ou interdisciplinares.

Tal atividade conjunta, ou seja, em equipe, com trabalhadores de outros campos do saber, não implica a ausência de delimitação e atuação de cada profissional dentro do objeto de cada área, pois, caso contrário, teríamos todas as profissões invadindo as atividades uma das outras.

Isso não seria adequado não por questões corporativistas, mas por necessidade de proteção da sociedade. Ademais, se instalaria uma verdadeira insegurança para o usuário dos serviços, que tem o direito de ser atendido de forma competente e eficiente por profissional devidamente habilitado.

A habilitação, na estrutura das profissões regulamentadas, significa o registro na entidade de fiscalização respectiva, após cumpridos os requisitos acadêmicos e as demais exigências legais, para conferir ao ensino ou curso a devida validade jurídica.

Consequentemente, é pressuposto que aquele que está prestando seus serviços profissionais tem conhecimento suficiente para um atendimento de qualidade. Diante de tais evidências, não há como admitir que *não haja* delimitação das atividades e das atribuições privativas de cada profissão.

O assistente social é o profissional graduado em Serviço Social, com a habilitação para o exercício da profissão mediante inscrição junto ao Conselho Regional de Serviço Social, tendo suas competências e atribuições privativas previstas na Lei n. 8.662/93, sendo vedado exercer atividades de outras profissões. Também é vedado que profissional de outra área exerça as atribuições privativas do assistente social ou que subscreva seu entendimento técnico em matéria de Serviço Social, mesmo considerando a atuação em equipe multiprofissional ou interdisciplinar (Resolução CFESS n. 557, de 15 de setembro de 2009).

f) ao realizar crítica pública a colega e outros profissionais, fazê-lo sempre de maneira objetiva, construtiva e comprovável, assumindo sua inteira responsabilidade.

Objeto jurídico: defesa do pluralismo e da livre manifestação responsável e de autoria definida.

São muito comuns as divergências e discordâncias no desenvolvimento de atividades profissionais que envolvam trabalhadores. São as diferenças que se manifestam no cotidiano da nossa atividade profissional. Trabalhar na perspectiva do pluralismo significa aceitar a diversidade de opiniões, de condutas de procedimentos, de entendimentos, muitas vezes conflitantes e tensos entre si.

Assim, o pluralismo abriga a diversidade de opiniões e de condutas entre colegas da mesma profissão ou de outras a respeito dos temas de interesse da categoria, gerando, frequentemente, uma manifestação crítica pública entre os envolvidos, o que é absolutamente salutar, desde que cumpridas as exigências definidas por este artigo.

Desse modo, a crítica precisa ser: *1. objetiva,* direta, em que se contextualize, de forma clara e sucinta, os fatos, objeto da crítica; *2. construtiva,* no sentido de estar desprovida de ataques pessoais e referências destrutivas, difamatórias, humilhantes, jocosas, que coloquem o criticado em situação de inferioridade e causem constrangimento; *3. comprovável,* que a crítica possa ser comprovada mediante fatos, documentos ou por terceiros, possa ser confirmada, evidenciada; *4. assumindo sua inteira responsabilidade,* aqui se trata de uma crítica pública que deve ser de inteira responsabilidade do profissional assistente social que a apresenta e que assume a sua autoria, não se admitindo o anonimato, já que o autor da crítica deve assumir a inteira responsabilidade.

Viola o Código de Ética o assistente social que faz a crítica publicamente contra um profissional de sua categoria ou em relação a qualquer outro sem o cumprimento dos requisitos indicados e explicitados.

Art. 11. É vedado ao assistente social:
a) intervir na prestação de serviços que estejam sendo efetuados por outro profissional, salvo a pedido desse profissional; em caso de urgência, seguido da imediata comunicação ao profissional; ou quando se tratar de trabalho multiprofissional e a intervenção fizer parte da metodologia adotada;

Objeto jurídico: respeito à autonomia profissional.

O profissional, ao exercer sua atividade, deve ter liberdade para atuar a partir da escolha dos instrumentos e métodos que entender necessários, desde que admitidos no Direito, nas normas que regem sua profissão e que estejam em conformidade com o Código de Ética. Enfim, deve conduzir seu trabalho com autonomia, não estando sujeito a interferência nem de outros assistentes sociais nem de chefia e de outros.

Estará subordinado, sim, às regras administrativas e de funcionamento da entidade em que atua, porém, gozará de absoluta liberdade na sua atuação técnica/ética.

No entanto, aqui, não discutiremos o "direito" à autonomia profissional, porque esta dimensão já foi tratada no artigo 2º deste Código, quando foi abordado o elenco de direitos previstos ao profissional.

CÓDIGO DE ÉTICA DO/A ASSISTENTE SOCIAL COMENTADO

Agora se aborda um dever do assistente social que se não cumprido dá ensejo à violação ética neste artigo tipificado, ou seja, o profissional não pode intervir na prestação de serviços que estejam sendo efetuados por outro profissional.

A regra geral é excepcionada, quando o mesmo artigo especifica as hipóteses em que a dita "intervenção" é admitida juridicamente, hipótese que não ficará configurada a violação ética.

As exceções que possibilitam a intervenção são as seguintes: caso de urgência, porém, seguido de imediata comunicação ao profissional, ou quando se tratar de equipe multiprofissional e a intervenção fizer parte da metodologia adotada consensualmente pela equipe.

b) prevalecer-se de cargo de chefia para atos discriminatórios e de abuso de autoridade;

Objeto jurídico: ampliação da cidadania; empenho na eliminação de atitudes e atos discriminatórios.

A norma em questão funciona como diretriz objetivando vedar tratamento diferenciado a pessoas em virtude de fatos injustamente desqualificantes, atribuídos a estas, ou seja, discriminatórios.

A violação deste tipo normativo se efetiva com a prática de atos discriminatórios e/ou de abuso de autoridade.

A discriminação é designada, nesta norma, de forma genérica, eis que não especifica as categorias sujeitas à discriminação, alcançando, consequentemente, qualquer ato ou tratamento de segregação, de exclusão, desqualificação, de subordinação, de negação da diversidade humana.

Ao contrário, a Lei n. 7.716, de 5 de janeiro de 1989, define e especifica quais as condutas criminosas alcançadas pelo preconceito ou pela discriminação que são as resultantes de preconceito de *raça, cor, etnia* e *religião*.

A norma ética do assistente social, ao silenciar sobre a especificação da discriminação, como já dissemos, alcança qualquer conduta profissional de exclusão, segregação, diferenciação, desqualificação de pessoas, grupos, segmentos e outros.

O abuso de autoridade é conduta pela qual o agente público extrapola o seu dever funcional, se excedendo no ato praticado, ato este com finalidade alheia ao interesse público, valendo-se de sua condição.

De acordo com a doutrina, muito bem representada por Hely Lopes Meirelles (2006, p. 110):

> [...] o abuso do poder, como todo ilícito, reveste as formas mais diversas. Ora se apresenta ostensivo como a truculência, às vezes dissimulado como o estelionato, e não raro encoberto na aparência ilusória dos atos legais. Em qualquer desses aspectos — flagrante ou disfarçado — o abuso do poder é sempre uma ilegalidade invalidadora do ato que o contém.

A violação deste artigo somente se concretiza quando o assistente social pratica atos de qualquer natureza discriminatórios ou de abuso de poder, porém *se prevalecendo de seu cargo de chefia*.

O assistente social que exerce cargo de chefia, na administração pública ou privada, é aquele que dirige, coordena, chefia outros trabalhadores que a ele se subordinam.

c) ser conivente com falhas éticas de acordo com os princípios deste Código e com erros técnicos praticados por assistente social e qualquer outro profissional;

Objeto jurídico: a defesa da profissão, dos usuários dos serviços, compromisso com a qualidade dos serviços na perspectiva da competência profissional.

A conivência encobre a falha, a irregularidade, os erros praticados por outro. O profissional conivente está, ainda que secretamente, de acordo com outrem para a prática de alguma ação de irregularidade. A conivência caracteriza a cumplicidade, e a posição de omissão gera responsabilidade.

Dessa forma, viola o Código de Ética a conduta conivente do assistente social com qualquer falta ética, com os princípios deste Código e com erros técnicos praticados por outro assistente social ou por profissional de outra atividade ou de outra categoria.

O profissional, ao constatar qualquer irregularidade descrita nesta alínea, deverá procurar o Conselho Regional de Serviço Social de sua área de ação para comunicar os fatos para as devidas providências e, dessa forma, ficará descaracterizada e afastada a conduta omissiva e de conivência com os fatos irregulares.

d) prejudicar deliberadamente o trabalho e a reputação de outro profissional.

Objeto jurídico: respeito à dignidade do outro.

Trata-se de norma que impede que o assistente social prejudique deliberadamente o trabalho ou a reputação de outro profissional (categoria profissional ou relativa à profissão). A norma em questão abrange qualquer outro profissional com o qual o assistente mantenha relação de "trabalho", sob qualquer vínculo.

Dois núcleos se configuram nesta disposição. O *primeiro*, que é a conduta de "prejudicar deliberadamente", significa causar um dano uma desvantagem a outrem, de natureza moral, profissional, econômica, de forma deliberada, ou seja, determinada, com a intenção de praticar a conduta.

Quanto ao *segundo* núcleo, ele está vinculado ao primeiro, uma vez que o prejuízo deliberado deve atingir o "trabalho e a reputação" de outro profissional. O trabalho abrange qualquer regime de inserção do profissional em uma atividade profissional, portanto não importa a forma de sua contratação. O prejuízo deliberado deve macular o trabalho e/ou a reputação do profissional, podendo se expressar mediante qualquer tipo de conduta, inclusive verbal, gestual.

A reputação significa a credibilidade, o conceito que goza o profissional atingido pela conduta irregular.

Dessa forma, a violação se concretiza se todos os componentes estiverem presentes na conduta profissional, que será passível de apuração.

CAPÍTULO IV
Das Relações com Entidades da Categoria e demais Organizações da Sociedade Civil
Art. 12. Constituem direitos do assistente social:

Novamente retornamos aos direitos do assistente social, que são prerrogativas vinculadas à autonomia e à liberdade política e de organização do profissional, que é fundamental para atuação coletiva em relação à efetivação de conquistas dos trabalhadores.

a) participar em sociedades científicas e em entidades representativas e de organização da categoria que tenham por finalidade, respectivamente, a produção de conhecimento, a defesa e a fiscalização do exercício profissional;

Objeto jurídico: a defesa da liberdade de reunião, associação e organização. Defesa e ampliação de direitos humanos.

Esse, inclusive, é direito previsto e assegurado constitucionalmente, que não pode sofrer restrição, limitação, censura, ou represália de qualquer natureza. O direito de constituir grupos, organizá-los, formal ou informalmente, com o objetivo de tratar de assuntos de interesse comum é direito humano.

A capacidade de organização e de mobilização coletiva é um meio historicamente utilizado para assegurar e ampliar direitos para manifestar posições, para contrapor a condução de políticas e outros. Ela é um importante instrumento de grupos, segmentos, trabalhadores. Essa liberdade é, inclusive, protegida em tratados regionais e internacionais de direitos humanos.

A Declaração Universal de Direitos Humanos, em seu artigo 20, estabelece: "I — Todo o homem tem direito à liberdade de reunião e associação pacíficas; II — Ninguém pode ser obrigado a fazer parte de uma associação" (ONU, 1948). Dessa forma, qualquer violação a este direito deve ser denunciada aos órgãos competentes, pois viola direito fundamental concernente à dignidade humana.

b) apoiar e/ou participar dos movimentos sociais e organizações populares vinculados à luta pela consolidação e ampliação da democracia e dos direitos de cidadania.

Objeto jurídico: a liberdade de organização. Defesa da democracia e dos direitos de cidadania.

Este também é um direito facultado ao assistente social, que pode ser expressado no âmbito de sua atividade profissional. Poderá apoiar os movimentos sociais e organizações populares, vinculados a lutas gerais, independentemente da adesão e da afinidade de seus superiores hierárquicos e dos empregadores e autoridades administrativas superiores.

Art. 13. São deveres do assistente social:
a) denunciar ao Conselho Regional as instituições públicas ou privadas, onde as condições de trabalho não sejam dignas ou possam prejudicar os usuários ou profissionais.

Objeto jurídico: defesa da dignidade nas condições de trabalho dos usuários ou profissionais.

A conduta antiética aqui é omissiva, ou seja, o profissional deixa de comunicar ou denunciar ao Conselho Regional competente, ao tomar conhecimento, presenciar, constatar, vivenciar que as condições de seu trabalho comprometem a dignidade dos usuários ou profissionais e tragam prejuízos para eles.

O tipo normativo refere-se às "condições de trabalho" do assistente social e, nesse sentido, essas condições são fundamentais para um atendimento de qualidade em relação ao usuário. Se o profissional trabalha sem uma estrutura mínima para o atendimento, via de consequência, estará criando prejuízos para aquele que é atendido.

Não é raro presenciar instituições públicas e privadas que não oferecem condições dignas para o atendimento, impondo, tanto para o assistente social como para o usuário, um padrão que não condiz com as necessidades colocadas para a profissão, que se constituíram historicamente no movimento real da atuação profissional.

Os padrões técnicos e éticos foram construídos a partir da práxis do assistente social, e a regulamentação da profissão permitiu avanços com a possibilidade de regulamentação pela entidade federal incumbida da fiscalização do exercício profissional, conforme o artigo 8º da Lei n. 8.662/93, que dispõe sobre o exercício profissional do assistente social e dá outras providências.

A previsão das "condições éticas e técnicas do exercício profissional" do assistente social passou ter estatuto e dimensão normativa a partir de agosto de 2006, com a expedição da Resolução pelo CFESS n. 493/2006, indicada pelo Encontro Nacional CFESS/CRESS, onde se estabeleceu a obrigatoriedade para a realização e execução de qualquer atendimento ao usuário do Serviço Social, da existência de espaço físico adequado, suficiente para abordagens individuais ou coletivas, conforme as características dos serviços prestados.

Dessa forma, a iluminação deve ser adequada ao trabalho diurno e noturno, conforme a organização institucional. A estrutura institucional deve garantir a privacidade do usuário naquilo que for revelado durante o processo de intervenção profissional; a ventilação deve ser adequada a atendimentos breves ou demorados e com portas fechadas; e o espaço adequado para colocação de arquivos para a adequada guarda de material técnico de caráter reservado. A questão da guarda do material técnico também foi objeto de previsão e regulamentação pela Resolução do CFESS.

A resolução em questão fornece e especifica os elementos necessários para que o assistente social cumpra o Código de Ética, sendo referência também de orientação para condução adequada da atividade profissional.

A instituição, órgão ou entidade, por outro lado, deve ser informada por escrito pelo assistente social acerca das inadequações constatadas quanto às condições éticas, técnicas e físicas concernentes ao exercício profissional, sugerindo alternativas para melhoria dos serviços.

Assim, ao esmiuçar o Código de Ética do assistente social e em especial este artigo, a resolução o corrobora, impondo como obrigação do assistente social informar ao CRESS por escrito para intervir na situação, caso a entidade deixe de tomar as medidas realmente necessárias para sanar as irregularidades.

Caso o assistente social não cumpra as exigências previstas no *caput* e/ou no parágrafo 1º do presente artigo, se omitindo ou sendo conivente com as inadequações existentes no âmbito da pessoa jurídica, será notificado a tomar as medidas cabíveis, sob pena de apuração de sua responsabilidade ética.

Assim, conclui-se que a "dignidade" destas condições refere-se ao padrão técnico e ético estabelecido pelas necessidades da profissão, dada sua natureza e características, conforme regulamentado pela resolução do CFESS.

> **b) denunciar, no exercício da Profissão, às entidades de organização da categoria, às autoridades e aos órgãos competentes, casos de violação da Lei e dos Direitos Humanos, quanto a: corrupção, maus-tratos, torturas, ausência de condições mínimas de sobrevivência, discriminação, preconceito, abuso de autoridade individual e institucional, qualquer forma de agressão ou falta de respeito à integridade física, social e mental do cidadão;**

Objeto jurídico: a defesa ampla dos direitos humanos.

É inadmissível que o assistente social, na sua atividade profissional, presencie situações de violação de direitos humanos sem adotar qualquer providência para sustar ou coibir tal prática.

Por isso mesmo, emerge a obrigatoriedade da conduta de *denunciar* as práticas especificadas no *caput* deste artigo, além de outras que venham a representar violação aos direitos humanos, dignidade e integridade do ser humano.

A denúncia poderá ser dirigida ao Conselho Regional de Serviço Social respectivo, que se incumbirá de adotar todas as medidas perante todos os organismos de defesa de direitos humanos, oferecendo representação, se cabível, ao Ministério Público para as providências necessárias.

No entanto, caso o profissional entenda pertinente, nada obsta que ele próprio recorra a todos esses órgãos para apresentar, diretamente e em seu nome, a denúncia. Nessa hipótese, deverá comunicar ao CRESS as providências adotadas, sob pena de serem apuradas suas responsabilidades por não cumprimento da exigência deste artigo quanto à apresentação de denúncia.

c) respeitar a autonomia dos movimentos populares e das organizações das classes trabalhadoras.

Objeto jurídico: a autonomia e emancipação dos movimentos e organização dos trabalhadores.

O dever imposto por esta alínea consiste em respeitar as determinações, decisões de movimentos e da organização dos trabalhadores, principalmente no que concerne à sua autonomia e à sua liberdade de decisão.

O profissional violará o Código de Ética se tentar interferir na condução da organização dos movimentos de trabalhadores ou populares.

Evidentemente, fica subentendido neste dispositivo normativo que estes movimentos populares e de trabalhadores, dada a sua natureza e a sua trajetória histórica, estarão defendendo direitos e bandeiras em conformidade com os princípios deste Código de Ética, na perspectiva da ampliação da cidadania, com vista a garantias de direitos.

Art. 14. É vedado ao assistente social valer-se de posição ocupada na direção de entidade da categoria para obter vantagens pessoais, diretamente ou através de terceiros.

Objeto jurídico: a defesa da honestidade, da probidade. Defesa do Serviço Social e de sua credibilidade enquanto profissão.

Nesta formulação normativa é vedada uma conduta do assistente social que se refira à obtenção de vantagem de qualquer natureza.

É necessário, para caracterização da violação, que o assistente social figure na direção das entidades da categoria, sejam entidades de fiscalização profissional, sindicatos, associações e outros.

Preenchida esta condição, deve ser caracterizada a obtenção de vantagens pessoais diretamente ou por meio de terceiros. Se isto ocorrer nas entidades de fiscalização profissional ou em sindicatos, o profissional também estará sujeito a ser responsabilizado por improbidade administrativa, eis que ambas as entidades recebem recursos compulsórios e, portanto, de natureza pública.

Qualquer vantagem pessoal, seja pecuniária em espécie, seja favorecimento, facilitação e outros para si ou para terceiros, implicará a violação ética, ficando o profissional sujeito a responder em várias esferas, inclusive perante o Conselho, se figurar como direção do CFESS, CRESS e seccionais, submetido à perda de seu cargo, bem como de outras consequências previstas pelo Estatuto do Conjunto CFESS-CRESS e Código Eleitoral.

CAPÍTULO V
Do Sigilo Profissional
Art. 15. Constitui direito do assistente social manter o sigilo profissional.

Objeto jurídico: a defesa e proteção da intimidade do usuário do Serviço Social.

Neste Código temos duas vertentes do sigilo profissional, quais sejam, uma como direito e outra como obrigação.

Na verdade, ao tratarmos de tal disposição já inserida no corpo normativo que versa sobre regras negativas e obrigatórias, cuja execução é exigência ética que se impõe, devemos entender que o sigilo deve ser considerado nesta perspectiva.

Não obstante, o sigilo também se constitui prerrogativa, como já analisamos na previsão da alínea "e" do artigo 2º deste Código de Ética, pois assegurar tal condição na atividade profissional realizada não depende, por não raras vezes, somente do assistente social.

Nesta dimensão do "direito", consequentemente, o sigilo deverá ser respeitado por todos os outros que se relacionam com o assistente social na sua atividade profissional, seja qualquer superior hierárquico, empregador, patrão, enfim qualquer um que nas relações de poder possa ou pretenda interferir na atividade profissional do assistente social, ou impor regras de conduta incompatíveis com o sigilo profissional.

Embora a manutenção do sigilo seja um direito do assistente social, muitas vezes o respeito a tal garantia é violado pelas condições e estrutura do ambiente de trabalho, da estrutura física da sala onde está instalado o Serviço Social, que por vezes não veda o som e está instalada em lugar impróprio, inadequado, de acesso a terceiros, como assistimos no cotidiano da atividade profissional.

Já tratamos, também, na questão do desagravo previsto pelo artigo 2º, inciso "e", dos mecanismos que estão disponíveis ao profissional assistente social para contrapor-se às violações cometidas em relação as suas prerrogativas profissionais. Caberá, portanto, ao profissional uma parcela desta tarefa na garantia de seu próprio direito, inclusive de manter sigilo.

Não basta, simplesmente, excepcionar a regra do sigilo, sob a alegação de violação por terceiros e, consequentemente, de suas prerrogativas, pois caberá ao assistente social demonstrar, de forma inequívoca, que tomou todas as medidas e providências ao seu alcance para impedir que dados confidenciais e sigilosos, escritos ou orais, fossem divulgados sob qualquer pretexto, circunstância ou motivo, ou que chegassem ao conhecimento de terceiros.

Esta, pois, é a dimensão do sigilo, que possui dupla natureza enquanto regramento negativo e positivo, pois não se admite, outrossim, qualquer ação ou omissão profissional que possa ensejar a quebra do sigilo, constituindo no reverso do direito.

Lembremos que o sigilo deve ser excepcionado dentro dos limites do estritamente necessário, quando a atuação ocorrer em equipe multiprofissional, em que as regras deverão ser pactuadas por todos os profissionais de acordo com as especificidades de cada atividade. Mesmo nesta hipótese o sigilo deverá ser garantido em relação a terceiros estranhos à equipe multiprofissional ou interdisciplinar.

Art. 16. O sigilo protegerá o usuário em tudo aquilo de que o assistente social tome conhecimento, como decorrência do exercício da atividade profissional.

Objeto jurídico: a liberdade individual, a privacidade, a proteção do segredo decorrente de relação profissional.

A proteção abrange "tudo aquilo" que o assistente social toma conhecimento na relação profissional. Inclui, consequentemente, qualquer informação oral, escrita, expressada por qualquer meio, mesmo aquilo que possa ser deduzido ou interpretado pelo profissional em relação ao usuário. Nada pode, portanto, ser revelado. A proteção abrange aquilo que se constitui e se caracteriza como "segredo" para o usuário, mas também todas as outras formas de expressão. A infração se expressa na vontade livre e consciente de o assistente social revelar segredo profissional. Consuma-se a infração ética com o ato de divulgar ou dar conhecimento por qualquer meio, independentemente do prejuízo. A norma em comento reafirma as demais disposições deste capítulo que tratam de um lado de "direito/prerrogativa" em relação ao sigilo e, de outro, do "dever/obrigação" de manter o sigilo, enquanto imperativo que deve ser cumprido pelo profissional. Aqui a norma é dirigida muito mais para o usuário, chamando atenção para um procedimento no atendimento que deve lhe ser garantido pelo assistente social. A proteção do usuário abrange os arquivos profissionais, onde são guardadas as informações que o profissional tomou conhecimento em decorrência de sua atividade profissional.

Parágrafo único. Em trabalho multidisciplinar só poderão ser prestadas informações dentro dos limites do estritamente necessário.

Objeto jurídico: a independência das áreas de conhecimento e a proteção da intimidade do usuário.

O parágrafo único excepciona a regra geral estabelecida pelo *caput* deste artigo ao prever que no trabalho multidisciplinar é possível prestar informações a outro profissional da equipe que atende o mesmo usuário. Reconhece, no primeiro núcleo da norma, o trabalho em equipe, a inter-relação entre as diferentes profissões de forma que se tenha uma visão integral da pessoa atendida. O segundo núcleo estabelece, exatamente, o limite das informações que serão transmitidas pelo assistente social a qualquer profissional componente da equipe multidisciplinar, ao prever que será "nos limites do estritamente necessário" que representa, portanto, a causa da exclusão da violação.

As informações "poderão" ser prestadas. Isto porque fica a critério do assistente social verificar quais as informações que são estritamente necessárias para a realização do trabalho conjunto com os demais profissionais. Portanto, não significa que os profissionais de outras áreas de conhecimento que participam da equipe multidisciplinar deverão ter conhecimento de todos os fatos, acontecimentos, revelações que o assistente social teve em decorrência de sua atividade profissional. O parágrafo único em comento faculta ao assistente social a revelação de informações transmitidas pelo usuário, contudo, limita naquilo que for estritamente necessário.

Dessa forma, exige-se que o assistente social tenha atuado dentro de tais limites e parâmetros. Fora desses limites, desaparece a excludente da irregularidade, dando ensejo ao excesso e, consequentemente, à tipificação da violação de quebra de sigilo profissional.

Quanto ao limite do "estritamente necessário", deve-se buscar tal parâmetro nos próprios princípios do Código de Ética do assistente social, no compromisso com a defesa da dignidade do usuário e da emancipação dos indivíduos sociais. Dessa forma, toda revelação que se mostre desnecessária e que puder trazer qualquer prejuízo, lesão de direito, perigo, constrangimento ao usuário e que não seja um dado absolutamente fundamental, ou melhor, imprescindível para os cuidados com ele, não pode ser revelado.

A revelação do sigilo junto à equipe multidisciplinar somente estará revestida de "licitude" se o assistente social atuar amparado na causa excludente da "ilicitude", prevista no parágrafo em questão.

É fundamental que o assistente social se conduza de forma firme, competente e, sobretudo, crítica para desvelar os limites de sua atuação profissional em situações que irão ocorrer no cotidiano profissional e que exijam a resolução de conflitos, o posicionamento imediato, que deverão, sempre, ter como perspectiva a concepção do projeto ético-político do Serviço Social.

Art. 17. É vedado ao assistente social revelar sigilo profissional.

Objeto jurídico: a intimidade do usuário. Confiança na relação profissional

Sigilo profissional não é instituto novo no âmbito das relações profissionais. No século V a.C., Hipócrates já anunciava o paradigma do sigilo profissional ao proclamar: "Aquilo que no exercício ou fora do exercício da profissão e no convívio da sociedade, eu tiver visto ou ouvido, que não seja preciso divulgar, eu conservarei inteiramente secreto".

No século XX, emerge uma nova e pertinente preocupação em relação à proteção do sigilo profissional, passando a estar consagrado como direito de cidadania e não mais, tão somente, como "direito e dever" do profissional. A Constituição Federal e vários diplomas legais preveem em seu texto a proteção do sigilo, ganhando estatuto legal, principalmente, no Código Civil e no Código Penal brasileiro. A Constituição Federal, no inciso X do artigo 5º, assim estabelece: "São invioláveis a intimidade, a vida privada, a honra e a imagem das pessoas, assegurado o direito a indenização pelo dano material ou moral decorrente de sua violação". Pode-se extrair da interpretação da norma constitucional citada que ela abrange a privacidade de modo amplo, compreendendo toda a informação que diga respeito à intimidade a qual se queira manter sigilo, segredo ou controle. Tal princípio comporta, evidentemente, a inviolabilidade da correspondência, do domicílio e do segredo profissional.

Várias decisões do Tribunal de Ética e de Disciplina da Ordem dos Advogados do Brasil têm consagrado que o sigilo profissional é instituto de ordem pública, o que merece aplicação para todas as demais profissões regulamentadas por lei, porque todas são igualmente relevantes e necessárias na vida em sociedade.

Vejamos trechos da decisão da OAB em relação à matéria:

Proc. n. 3.838/2009 — Sigilo profissional — Informações requisitadas pela Receita Federal — Impossibilidade de atendimento devido a quebra de sigilo profissional — Princípio de Ordem Pública — Não é permitida a quebra de sigilo profissional na advocacia, mesmo se autorizada pelo cliente ou confidente, por se tratar de direito indisponível, acima dos interesses pertinentes, decorrente da ordem natural, imprescindível a liberdade de consciência, ao direito de defesa, à segurança da sociedade e a garantia do interesse público. [...] O Sigilo profissional tem por objetivo muito mais a proteção do cliente do que efetivamente do advogado, até porque guardar segredo é obrigação do advogado. Entende-se por segredo "aquilo que não pode ser revelado". Daí decorre o dever de não revelar o segredo que lhe foi confiado, mesmo autorizado pelo próprio cliente. [...] Portanto, violar o sigilo profissional é quebrar a relação de confiança existente entre cliente e advogado. [...]

Mais que isso, o sigilo objetiva garantir uma relação pacífica e confiável na utilização de serviços profissionais, impedindo qualquer veiculação de tudo aquilo que o profissional tem conhecimento na relação que estabelece, no caso do assistente social com o usuário dos serviços. O assistente social deve estabelecer com o usuário do Serviço Social relação de absoluta confiança, mantendo o sigilo ao tomar conhecimento da história e de fatos da vida dele, até porque, por não raras vezes, interesses opostos e contrários aos do usuário pressionam o profissional para que o sigilo seja quebrado. Aqui se conecta o princípio da constitucional da inviolabilidade da intimidade, que para além de ser direito constitucional representa a defesa do projeto ético-político do Serviço Social vinculado à construção de uma nova ordem societária, sem exploração, sem dominação.

Art. 18. A quebra do sigilo só é admissível quando se tratar de situações cuja gravidade possa, envolvendo ou não fato delituoso, trazer prejuízo aos interesses do usuário, de terceiros e da coletividade.

Objeto jurídico: defesa da dignidade, da liberdade, da integridade física social, psíquica do ser humano.

Esta norma também excepciona a regra geral, considerando que permite a quebra de sigilo em circunstâncias em que o interesse coletivo ou mesmo individual, que a integridade e os valores defendidos neste Código de Ética superam a garantia do segredo.

É controvertida a conduta que revela segredo profissional, por isso mesmo deve ser extremamente cuidadosa, cautelosa, até porque outros mecanismos devem ser utilizados e esgotados, antes mesmo de adotar a exceção aqui tratada.

Ora, a quebra do sigiloso deve ser adotada somente quando puder *contribuir ou evitar* a ocorrência de uma situação configurada como de gravidade, perigosa, danosa para a integridade física, psíquica, orgânica do usuário ou de terceiros.

Pouco importa do ponto de vista objetivo se a revelação do segredo refere-se a fato criminoso ou não, contudo, o que interessa, conforme já destacado, é que essa revelação evitará ou contribuirá para que não ocorra um fato danoso, prejudicial ao usuário, a terceiros ou a coletividade.

Dessa forma, é relevante destacar que não é por ser fato criminoso que o segredo confiado pelo usuário ao assistente social deva ser revelado, senão estar-se-ia admitindo uma relação de desconfiança, de constrangimento, de fiscalização aos atos praticados por ele. O assistente social passaria a representar o papel de "acusador" dos usuários, o que subtrairia da profissão sua capacidade de intervenção na direção da concepção do projeto ético-político do Serviço Social.

Assim, violação relativa à quebra se sigilo será caracterizada se não estiverem presentes tais componentes na revelação do segredo profissional.

Parágrafo único. A revelação será feita dentro do estritamente necessário, quer em relação ao assunto revelado, quer ao grau e número de pessoas que dele devam tomar conhecimento.

Objeto jurídico: a preservação da intimidade do usuário.

O presente parágrafo impõe *mais uma* condição para exceção relativa à quebra de sigilo, determinando que a revelação deverá ser feita dentro do estritamente necessário, ou seja, só serão divulgados os fatos absolutamente imprescindíveis e referentes à situação objeto do dano ou prejuízo para evitar contribuir que ele não ocorra.

Os fatos serão informados e revelados somente para a autoridade ou pessoa indicada e competente para tomar as providências necessárias para evitar o dano.

CAPÍTULO VI
Das Relações do Assistente Social com a Justiça
Art. 19. São deveres do assistente social:
a) apresentar à justiça, quando convocado na qualidade de perito ou testemunha, as conclusões do seu laudo ou depoimento, sem extrapolar o âmbito da competência profissional e violar os princípios éticos contidos neste Código.

Objeto jurídico: a autonomia profissional. A proteção da intimidade.

A apresentação do assistente social na Justiça é fato que se impõe quando este é convocado na qualidade de perito ou testemunha.

Aqui é necessário, senão imprescindível, antes de considerações sobre a dimensão de tal norma, fazer uma diferenciação entre o comparecimento do assistente social na qualidade de perito ou de testemunha.

Na qualidade de *perito*, o assistente social comparecerá perante a autoridade judicial solicitante e prestará esclarecimentos de natureza técnica profissional, emitirá sua manifestação, fará observações, apresentará conclusão, conforme o caso, acerca da situação em estudo, em análise, avaliação ou mesmo daquela situação na área de Serviço Social, suscitada pela autoridade que o convocou. Nesta circunstância, o profissional assistente social estará impedido de prestar qualquer informação sobre fatos ocorridos na sua relação com o usuário, ou que teve conhecimento, em decorrência de seu exercício profissional. Há situações que o juiz convoca o perito assistente social por ocasião da realização da audiência de instrução e julgamento para inquiri-lo sobre perícia realizada, devendo o profissional se pautar por esta conduta. O tratamento que o assistente social deverá dirigir às autoridades do Judiciário há de ser sempre respeitoso, responsável, competente, comprometido com os valores democráticos, de justiça, de equidade e liberdade, cujos esclarecimentos deverão demonstrar sempre sua capacidade e competência técnica teórica para contribuir com o Judiciário.

Assim, esta é a conduta do profissional condizente com o seu Código de Ética, que, contudo, exige uma postura firme, que, embora respeitosa, nunca deve ser subserviente ou de aceitação de condutas que sejam desrespeitosas, restrinjam sua autonomia e liberdade profissional.

Já a *testemunha* não comparece na qualidade de técnico do juízo, ou de auxiliar deste, nem tão pouco para prestar qualquer assessoria desta natureza ou contribuir na elucidação de matéria técnica; ao contrário, é convocada para esclarecimentos de *fatos* acerca das circunstâncias tratadas no processo. Em geral a testemunha presenciou fato objeto do processo. Isto é, salvo os casos especiais estabelecidos na lei, ninguém pode recusar a depor, pois todas as pessoas, segundo estabelecido pelo Código de Processo Penal, têm obrigação de contribuir com as autoridades competentes "na descoberta dos fatos criminosos, irregulares, no combate à criminalidade e na defesa da estabilidade social".

É, inclusive, vedado à testemunha, no curso de seu depoimento, tecer considerações ou análises técnicas, bem como juízo de valores. Caso o juízo necessite de uma opinião especializada acerca de matéria, que seja de domínio de outra área de conhecimento, deverá determinar a realização de perícia, que poderá também ser requerida pelas partes. Esta matéria está regulamentada pela Resolução do CFESS n. 559, de 16 de setembro de 2009, que dispõe "sobre a atuação do Assistente Social, inclusive na qualidade de perito judicial ou assistente técnico, quando convocado a prestar depoimento como testemunha, pela autoridade competente".

b) comparecer perante a autoridade competente, quando intimado a prestar depoimento, para declarar que está obrigado a guardar sigilo profissional nos termos deste Código e da Legislação em vigor.

Objeto jurídico: preservação da intimidade. Garantia da autonomia profissional.

Esta disposição objetiva preservar o profissional para que se relacione adequadamente com as autoridades competentes do sistema Judiciário, de forma que não incida em qualquer conduta que possa ser considerada descumprimento de ordem judicial ou desacato a determinação de autoridade. Dessa forma, quando intimado, deverá o assistente social comparecer e declarar que está obrigado a guardar o sigilo profissional, quando se tratar de situação ou de pessoas em que manteve qualquer atuação ou relação profissional, sendo vedado depor na condição de testemunha. Na situação em comento, vale esclarecer que o assistente social nem atuou como perito do juízo nem como assistente técnico.

Isto não impede, evidentemente, que como cidadão seja o assistente social convocado a prestar depoimento como testemunha de fatos que teve conhecimento na esfera de sua vida particular. Nesta condição, evidentemente, deve comparecer e relatar aquilo que tem conhecimento. As declarações da testemunha devem ser feitas com a consciência de dizer a verdade sobre fatos cujo conhecimento adquiriu pelos seus próprios sentidos.

A legislação comum corrobora com a disposição normativa, prevista neste artigo, ao prever que aqueles que estão sujeitos à obrigação de guardar sigilo profissional podem escusar-se a depor sobre fatos e circunstâncias inerentes à sua relação profissional. Nos casos em que as autoridades competentes verificam, após investigação, que a escusa é indevida, podem ordenar a pessoa a prestar depoimento.

Art. 20. É vedado ao assistente social:
a) depor como testemunha sobre situação sigilosa do usuário de que tenha conhecimento no exercício profissional, mesmo quando autorizado;

Objeto jurídico: preservação da intimidade do usuário. Defesa da autonomia da profissão.

Esta disposição reitera a vedação ao assistente social de depor como testemunha sobre situação sigilosa do usuário que teve conhecimento no exercício profissional. A proteção do sigilo profissional está consagrada no âmbito do direito de cidadania, sendo resguardada no Código Penal e Civil. A defesa do sigilo profissional, portanto, é um dever do assistente social e um direito do usuário.

Como já esclarecido, na qualidade profissional, o assistente social não prestará depoimento como testemunha, pois, além de ter atuado tecnicamente em relação àquela situação, está obrigado a guardar o sigilo de todas as informações e fatos que teve conhecimento em decorrência do exercício profissional. Ademais, a testemunha presta esclarecimentos sobre fatos que presenciou, estando vinculada ao compromisso da verdade.

O assistente social deve comparecer em juízo na qualidade de perito, parecerista, assistente técnico ou em outra condição profissional para esclarecer quesitos ou questionamentos, orais ou escritos, acerca de sua atividade ou intervenção técnica em relação ao atendimento realizado. Quando convocado como testemunha, deve comparecer e declarar que está sujeito ao sigilo profissional.

Desta forma, viola o Código de Ética o profissional que, além de depor como testemunha sobre situação atendida ou em atendimento, revela segredo não permitido nesta circunstância.

b) aceitar nomeação como perito e/ou atuar em perícia quando a situação não se caracterizar como área de sua competência ou de sua atribuição profissional, ou quando infringir os dispositivos legais relacionados a impedimentos ou suspeição.

Objeto jurídico: a defesa das atribuições profissionais e da sociedade.

O assistente social só deverá aceitar e atuar, na qualidade de perito, quando o objeto da perícia se caracterizar como área de sua competência e/ou atribuição profissional.

A manifestação técnica sobre matéria de Serviço Social é de atribuição privativa do assistente social, nos termos da disposição prevista pelo artigo 5º da Lei n. 8.662/93.

Assim, deverá o assistente social se restringir ao seu campo de conhecimento, deixando de aceitar e justificando os motivos pelos quais não aceita nomeação para atuar em área que não seja de sua atribuição profissional, podendo, inclusive, sugerir que a nomeação recaia em profissional da área respectiva.

Também deverá declinar da nomeação, ainda que a perícia seja na sua área de atribuição, por possuir envolvimento com as partes, o que enseja a suspeição ou impedimento.

TÍTULO IV
Da Observância, Penalidades, Aplicação e Cumprimento deste Código
Art. 21. São deveres do assistente social:
a) cumprir e fazer cumprir este Código;

Objeto jurídico: é a Defesa do Código de Ética e do projeto ético-político do Serviço Social.

O tipo objetivo desta norma é o cumprimento de todas as normas do Código de Ética por aquele que é destinatário delas, ou seja, todo o assistente social devidamente inscrito no Conselho Regional de Serviço Social respectivo. Tal dispositivo normativo reforça a exigência de execução de condutas obrigatórias, a inocorrência de condutas vedadas e proibidas no exercício profissional. Além da dimensão objetiva em relação à interatividade do cumprimento das normas, o mesmo sujeito deve "fazer cumprir", o que significa dizer que todo o assistente social, para além de cumprir as normas, deve expressar uma conduta profissional que demonstre zelo com o cumprimento do Código de Ética pelos demais assistentes sociais, pelas instituições empregadoras (públicas ou privadas), por outros profissionais e pela sociedade. Aqui a norma estabelece uma inter-relação entre sujeitos, colocando como o titular da defesa das normas todo e qualquer assistente social na sua atividade profissional.

CÓDIGO DE ÉTICA DO/A ASSISTENTE SOCIAL COMENTADO

b) denunciar ao Conselho Regional de Serviço Social, através de comunicação fundamentada, qualquer forma de exercício irregular da Profissão, infrações a princípios e diretrizes deste Código e da legislação profissional;

Objeto jurídico: cumprimento de atribuição de apuração de irregularidades através de denúncia.

A norma em questão possui dois núcleos jurídicos, a saber:

1º Consiste na exigência de denunciar qualquer forma de exercício irregular, bem como condutas que violem princípios e diretrizes do Código de Ética e da legislação profissional. O *caput* deste artigo define que tal conduta é obrigatória, o que equivale a dizer que todo(a) o(a) assistente social está obrigado(a) a denunciar ao Conselho Regional de Serviço Social respectivo, quando tiver conhecimento de fatos da natureza indicada no tipo normativo. A norma destaca o "exercício irregular" como uma modalidade diferenciada de infração, pois caso contrário estaria abrangido pelas "infrações" a que se refere sua formulação. Neste sentido, compreendemos o exercício irregular, a que se refere à disposição em comento, sendo as condutas especificadas, logo a seguir, no artigo 22 deste Código de Ética, onde são indicadas as "infrações disciplinares", que caracterizam o exercício irregular da profissão. É dever do assistente social também denunciar as infrações ao Código de Ética e a lei de regulamentação profissional, ou seja, Lei n. 8.662/93. A lei citada, ao determinar as exigências e requisitos para o exercício profissional do assistente social, impede que a profissão seja exercida por quem não cumpra tais requisitos, sob pena, aqui sim, de exercício ilegal de profissão regulamentada, previsto pelo artigo 47 da lei de contravenções penais. Com isso, queremos dizer que a obrigatoriedade de denunciar abrange as infrações disciplinares (art. 22 do Código de Ética — exercício irregular), as infrações éticas e as infrações a Lei n. 8.662/93 (inclusive o exercício ilegal).

2º A denúncia deve ser apresentada, independentemente de sua natureza, por comunicação escrita e de forma fundamentada. Isso significa dizer que os fatos devem ser descritos, bem como os fundamentos da solicitação de apuração. Não é necessário que o denunciante assinale quais os artigos ou disposições que foram violados, tarefa esta de competência do Conselho Regional de Serviço Social que buscará orientação para a perfeita adequação e tipificação jurídica da situação, por meio de sua assessoria jurídica, para que o procedimento utilizado, no âmbito administrativo, extra ou judicial, seja o mais adequado ao fim pretendido.

c) informar, esclarecer e orientar os estudantes, na docência ou supervisão, quanto aos princípios e normas contidas neste Código.

Objeto jurídico: é a defesa e a compreensão do Código de Ética e do projeto ético-político do Serviço Social, pelos estudantes do Serviço Social.

O assistente social, que exerce o magistério em Serviço Social, ou o supervisor, independentemente da disciplina ministrada, devem informar e orientar os estudantes quanto aos princípios e normas contidas no Código de Ética do Assistente Social. As Diretrizes Curriculares da Associação Brasileira de Ensino e Pesquisa do Serviço Social definem com muita propriedade quais as competências e habilidades que a formação profissional dever propiciar ao estudante de Serviço Social:

> A formação profissional deve viabilizar uma capacitação teórico-metodológica e ético-política, como requisito fundamental para o exercício de atividades técnico-operativas, com vistas à apreensão crítica dos processos sociais numa perspectiva de totalidade; [...] Compreensão da ética como princípio que perpassa toda a formação profissional; [...] Os fundamentos ontológicos da dimensão ético-moral da vida social e suas implicações na ética do Serviço Social. A construção do *ethos* profissional: valores e implicações no exercício profissional. Questões éticas contemporâneas e seus fundamentos teórico-filosóficos. O Código de Ética na história do Serviço Social brasileiro. (ABEPSS, 1996)

Diante destes pressupostos ao assistente social que atua no magistério de Serviço Social, compete-lhe no cotidiano de sua atividade possibilitar ao estudante a apreensão da ética (princípios e normas) na sua totalidade como componente que perpassa a todas as dimensões da profissão e da vida.

Art. 22. Constituem infrações disciplinares:

Observações sobre a natureza das infrações disciplinares: aqui trataremos das infrações disciplinares e por isso mesmo elas, como se constata, têm regramento específico e não foram incorporadas no texto geral das infrações éticas. Para que possamos entender a natureza jurídica das infrações disciplinares, recorremos ao Parecer Jurídico n. 05/2002 (Terra, 2002), que, de início, esclarece que "as entidades de fiscalização do exercício profissional, para registro de seus atos, controle da conduta profissional dos inscritos, em suas hostes e para solução de controvérsias dos seus administrados, utiliza-se de diversos procedimentos ou expedientes, que recebem a denominação de *'processo administrativo'* [...] Podemos considerar, portanto, que o *processo disciplinar* é uma das modalidades de *processo administrativo* e objetiva apurar e aplicar punições disciplinares por violação as normas profissionais ou ao regime funcional ou interno de determinado órgão ou entidade da administração pública". Pois bem, dentro da categoria *processo disciplinar* vamos, ainda, encontrar diversas modalidade que se enquadram neste conceito, como a própria *infração ética.*

Então, chamamos de "infração disciplinar", genericamente, toda aquela violação que se baseia na atribuição especial que algum órgão ou entidade detém sobre todos aqueles que se vinculam aos seus serviços, atividades, regras de conduta profissional, submetendo-se, por imperativo legal, à sua disciplina.

No âmbito do Conselho Federal e dos Regionais de Serviço Social, poderíamos traduzir e especificar a conceituação de tais infrações da seguinte forma: *infração disciplinar*, no sentido amplo da palavra, designa toda a infração que possui natureza disciplinar, seja aquela que trata, especificamente, da infração disciplinar, seja aquela que cuida da infração ética. Para a correta caracterização da denominação do processo disciplinar e de suas espécies, é necessário entender e destacar qual a natureza da infração cometida. A infração ética é considerada de natureza disciplinar, uma vez que representa a violação dos princípios e normas disciplinares éticas, estabelecidos pelo Conselho Federal, por meio de Resolução, com base nas decisões dos encontros nacionais CFESS/CRESS, fórum máximo de deliberação da categoria. As infrações éticas estão previstas no Código de Ética Profissional dos assistentes sociais, exceto quanto àquelas previstas pelo seu artigo 22, que possuem outra natureza, como veremos a seguir. A infração ética, desta forma, se qualifica como uma das espécies ou modalidade da infração disciplinar no sentido amplo, uma vez que é caracterizada por uma norma cogente, porém com esta não se confunde. As infrações disciplinares em sentido estrito estão previstas no artigo 22 do Código de Ética do Assistente Social.

O tipo normativo das infrações disciplinares, previstas pelas alíneas do artigo 22, trata de uma outra categoria normativa, diferente da infração ética. A infração disciplinar, portanto, refere-se à violação de preceitos que estabelecem regras de conduta para o assistente social em relação ao seu Conselho de Fiscalização Profissional. Na verdade são condutas que não estão vinculadas, diretamente, ao exercício profissional. São, portanto, genuinamente, normas disciplinares no sentido estrito, uma vez que se destinam a regular a conduta do profissional na relação institucional com sua entidade de fiscalização.

a) exercer a Profissão quando impedido de fazê-lo, ou facilitar, por qualquer meio, o seu exercício aos não inscritos ou impedidos;

Objeto jurídico: defesa da qualidade do exercício profissional do assistente social.

O tipo objetivo desta infração consiste no exercício da profissão quando o profissional estiver *impedido,* em decorrência de ter sido penalizado com suspensão do exercício profissional ou quando não regularizou sua transferência ou mesmo o registro secundário para outra jurisdição onde passa a atuar. Em tais circunstâncias, podemos afirmar que fica caracterizada a irregularidade no exercício profissional, uma vez que todas as situações de impedimento podem ser temporárias se o interessado vier a cumprir os requisitos para regularização da situação. No caso da suspensão do exercício profissional, embora impedido de exercer a profissão por prazo determinado, o profissional continua inscrito no CRESS e, após cumprido o período de afastamento do exercício profissional, poderá retornar a sua atividade profissional. Já a facilitação, que constitui igualmente violação ao Código de Ética, abrange ao profissional que está impedido, bem como aos não inscritos no Conselho que exercem a profissão. Como se vê, este segundo tipo de infração cuida da "facilitação" praticada por um assistente social ao permitir ou facilitar que um profissional impedido de exercer a profissão de assistente social (exercício irregular) ou uma pessoa não inscrita nas hostes do Conselho (exercício ilegal) exerça qualquer função, atividade ou atribuição privativa do assistente social e que se utilize da denominação "assistente social" ou se passe reconhecido como tal. Portanto, o tipo normativo refere-se a duas modalidades, quais sejam, exercer a profissão quando impedido ou permitir e tornar fácil, por ação ou omissão, o exercício dos não inscritos e impedidos.

b) não cumprir, no prazo estabelecido, determinação emanada do órgão ou autoridade dos Conselhos, em matéria destes, depois de regularmente notificado;

Objeto jurídico: descumprimento de determinação do Conselho.

Constitui também infração disciplinar deixar o assistente social de responder determinação emanada dos Conselhos Regionais ou Federal de Serviço Social. Tal determinação, em geral, vem revestida sob a forma de convocação, notificação ou solicitação dirigida ao profissional para que, entre outros, compareça à sede do CRESS para prestar esclarecimentos, que apresente cópia de documentos indicados pelo Conselho, que preste informações ou esclarecimentos por escrito ou por termo, que se abstenha de praticar algum ato que seja contrário aos padrões da profissão, que cumpra orientação descrita no instrumento de notificação e outros. Não é possível esgotar aqui todas as situações que ensejam a determinação das entidades de fiscalização do exercício profissional que devem ser cumpridas pelo profissional regularmente inscrito no CRESS de sua área de atuação. Vale destacar, porém, que a determinação emanada do órgão ou autoridade competente só terá validade jurídica se a natureza de tal determinação estiver inserida no âmbito de competência e atribuições dos Regionais e do Federal, ou seja, refere-se a tudo que diga respeito, direta ou indiretamente, ao exercício profissional do assistente social e ao Serviço Social como profissão regulamentada por lei. Assim, não será possível determinar qualquer exigência ao profissional, se não estiver no âmbito de sua profissão, o que poderá ser inquinado por ele de ato abusivo, vez que extrapola ao âmbito de competência do CRESS ou do CFESS.

Outro requisito para conferir a necessária e imprescindível validade à determinação emanada do Conselho é o conhecimento por meio de "notificação". Aqui é utilizada a designação "notificação" em sentido amplo, eis que qualquer instrumento de comunicação com o profissional em que consubstancie com clareza a determinação e que seja de conhecimento comprovado do destinatário será, evidentemente, considerada notificação. É, consequentemente, o ato através do qual se dá conhecimento oficial e legal do texto de um documento a determinada pessoa. Ademais, é necessário fazer prova do recebimento pelo destinatário, bem como do conhecimento a este, de maneira incontestável. Estando presentes todos os elementos que compõem o tipo jurídico desta obrigação em comento e deixando o assistente social destinatário de cumprir a obrigação ou exigência descrita no documento/notificação, no prazo assinalado, estará sujeito a apuração de sua responsabilidade disciplinar.

c) deixar de pagar, regularmente, as anuidades e contribuições devidas ao Conselho Regional de Serviço Social a que esteja obrigado;

Objeto jurídico: defesa da sobrevivência das entidades de fiscalização para possibilitar o exercício de suas atribuições e a defesa da profissão e da sociedade.

O pagamento da anuidade é uma obrigação coletiva que atinge, indistintamente, todos os assistentes sociais inscritos nos Conselhos

Regionais de sua área de ação. A inscrição é requisito prévio para o exercício da profissão do assistente social, conforme o parágrafo único do artigo 2º da Lei n. 8.662/93, que estabelece "O exercício da profissão do assistente social requer prévio registro nos Conselhos Regionais que tenham jurisdição sobre a área de atuação do interessado nos termos desta lei".

Vale também lembrar que para a inscrição é necessário que o interessado satisfaça as condições previstas pelos incisos do artigo 2º, entre elas a apresentação de diploma em curso de graduação em Serviço Social, oficialmente reconhecido, expedido por estabelecimento de ensino superior existente no país devidamente registrado no órgão competente. Estando o profissional inscrito, ele está sujeito ao pagamento da anuidade, independentemente do exercício profissional, uma vez que o fato gerador da anuidade é a inscrição no Conselho Regional. A anuidade devida às entidades de fiscalização do exercício profissional tem sustentação constitucional. Constituem contribuições sociais de interesse das categorias profissionais espécies do gênero tributo.

O artigo 149 da Constituição Federal prevê que as contribuições de interesse das categorias profissionais ou econômicas devem observar o princípio da legalidade. O Juiz Federal Antônio Osvaldo Scarpa, ao julgar o Mandado de Segurança n. 1998.34.00.002797-9, considerou que para a observância do princípio da legalidade "basta a existência de lei disciplinando o tema em apreço". Concluiu o magistrado que, diante de lei específica admitindo a fixação de tais contribuições pelos conselhos, não se vislumbra qualquer mácula que as anuidades sejam estabelecidas por Resolução dos Conselhos Federais. As anuidades dos Conselhos Federal e Regionais de Serviço Social estão definidas pelo artigo 13 da Lei n. 8.662/93, que estabelece que "A inscrição nos Conselhos Regionais sujeita os assistentes sociais ao pagamento das contribuições compulsórias (anuidades) taxas e demais emolumentos que forem estabelecidos em regulamentação baixada pelo Conselho Federal, em deliberação conjunta com os Conselhos Regionais". É importante destacar que tais contribuições devidas pelos profissionais inscritos são a única fonte de arrecadação da entidade para desempenhar uma relevante função na defesa da sociedade e da profissão, o que, evidentemente, só é possível se houver uma estrutura — administrativa, financeira e jurídica — que permita dar suporte às ações legais, políticas e financeiras que permeiam todos os procedimentos de âmbito dessas entidades. É de se concluir, portanto, que a anuidade tem uma função social de absoluta relevância, e por isso mesmo ela é obrigatória para aqueles inscritos nos Conselhos Regionais. Nessa medida, a ausência de seu pagamento constitui infração disciplinar.

d) participar de instituição que, tendo por objeto o Serviço Social, não esteja inscrita no Conselho Regional;

Objeto jurídico: defesa da qualidade dos serviços no âmbito de instituições que tem como atividade precípua a prestação de Serviço Social.

O tipo objetivo desse preceito normativo consiste na obrigatoriedade de registro nos Conselhos Regionais de Serviço Social, das pessoas jurídicas que prestam Serviço Social, como atividade única ou preponderante. Portanto, se um assistente social participa de uma entidade desta natureza, independentemente do vínculo que estabeleça com ela, tem como dever orientá-la a se inscrever no Conselho Regional de sua área de ação na modalidade de pessoa jurídica. Torna-se incompatível que o assistente social se mantenha atuando nesta entidade, onde tal irregularidade não é sanada. A obrigatoriedade do registro de empresas nas entidades fiscalizadoras de profissões ingressou no nosso ordenamento jurídico por meio da Lei n. 6.839, de 30 de outubro de 1980, que dispõe sobre o registro de empresas nas entidades fiscalizadoras do exercício de profissões, estabelecendo em seu artigo 1º:

> Art. 1º O registro de empresas e a anotação dos profissionais legalmente habilitados, delas encarregados, serão obrigatórios nas entidades competentes para a fiscalização do exercício das diversas profissões, em razão da atividade básica ou em relação àquela pela qual prestem serviços a terceiros.

Como vemos, o critério determinante da obrigatoriedade do registro de empresas perante as entidades de fiscalização de profissões regulamentadas é a atividade básica ou a natureza preponderante dos serviços prestados a terceiros. A Consolidação das Resoluções do CFESS, em seu artigo 79, regulamentou o alcance da Lei n. 6.839/80 no âmbito do Serviço Social ao estabelecer que: "é obrigatório o registro de Pessoas Jurídicas de direito público ou privado, já constituídas ou que vierem a se constituir, com a finalidade básica de prestar serviços em assessoria, consultoria, planejamento, capacitação e, outros da mesma natureza em Serviço Social, nos Conselhos Regionais de Serviço Social, de suas respectivas jurisdições, para que possam praticar qualquer ato de natureza profissional". Para que se constate a obrigatoriedade da pessoa jurídica inscrever-se no Conselho, será sempre necessário verificar sua atuação, quais as atividades que desenvolve na prática e a qualificação profissional do corpo técnico, bem como o exame do texto onde consta o objeto social da pessoa jurídica.

Os tribunais brasileiros têm adotado o seguinte posicionamento:

Acordão Origem: TRIBUNAL — SEGUNDA REGIÃO — Classe: AC — APELAÇÃO CÍVEL Nº 142.921 — Processo: nº 9702227607 UF: RJ Órgão Julgador: SEGUNDA TURMA — Data da decisão: 07/08/2002 Documento: TRF 200083316 — Fonte *DJU*, DATA: 28/08/2002 PÁGINA 229 Relator(a) JUIZ GUILHERME COUTO — Decisão Por unanimidade, negou-se provimento à apelação na forma do voto do Relator. Nos termos do art. 1º da Lei n. 6.839, o critério que define a obrigatoriedade do registro de empresas perante os conselhos de fiscalização é a atividade básica desenvolvida, ou a natureza fundamental dos serviços prestados a terceiros. Se a atividade da empresa, indicada em seu contrato social, não envolve a exploração de tarefas próprias de técnico de administração, ainda que se caracterize como uma holding, o seu registro perante o CRA não é exigível. Em tal contexto, a autuação imposta pelo não atendimento à exigência de registro é abusiva, sendo correta a sentença que afirmou a sua nulidade. Apelação desprovida. Sentença confirmada. Data publicação 28/08/2002 — Acordão Origem: TRIBUNAL — SEGUNDA REGIÃO — Classe: AMS — APELAÇÃO EM MANDADO DE SEGURANÇA Nº 12.279 — Processo: nº 9402228071 UF: RJ Órgão Julgador: TERCEIRA TURMA — Data da decisão: 12/12/2000, Documento: TRF200077603 — Fonte *DJU*, DATA: 28/06/2001, Relator(a) JUIZ FRANCISCO PIZZOLANTE. I — Somente estão obrigadas a registrar-se no Conselho Regional de Administração as empresas que explorem os serviços de administração como atividade-fim. Na hipótese, a Impetrante-Agravada tem por objeto a administração de bens próprios e a detenção de participações em sociedades civis ou comerciais, na condição de acionista, quotista ou assemelhado — empresa holding, pelo que não se pode obrigar a mesma ao registro pretendido pela Agravante. II — Apelação e Remessa Necessária Improvidas. É necessário, consequentemente, verificar a especificidade das atividades da pessoa jurídica e, principalmente, verificando se a atividade exercida está entre aquelas abrangidas e reguladas pela Lei e sob o crivo da fiscalização dos Conselhos de Serviço Social.

e) fazer ou apresentar declaração, documento falso ou adulterado, perante o Conselho Regional ou Federal.

Objeto jurídico: a fé pública e o princípio da boa-fé, a autenticidade dos documentos.

São duas as condutas vedadas neste artigo que constituem infração disciplinar. A primeira é a *falsificação,* no todo ou em parte, de declaração ou de qualquer documento público ou privado. É requisito do documento a sua forma escrita. A falsificação no todo é a formação ou a criação de um documento. A falsificação em parte é quando se acrescenta mais dizeres no documento verdadeiro. Na segunda hipótese, ou seja, na *adulteração,* há modificação, alteração do documento verdadeiro. Nestas infrações o assistente social apresenta documento falso ou adulterado com a intenção de enganar, tirar proveito da situação. Para tipificação da violação, não importa se o documento traz prejuízos a terceiro; o simples fato de apresentar documento ou declaração falsa ou adulterada já caracteriza a infração disciplinar tratada neste artigo. Por outro lado, constitui-se infração disciplinar, tendo em vista que a relação ocorre entre o profissional e o Conselho Federal ou Regional de Serviço Social e não diretamente no exercício profissional. Considera-se, no âmbito do Direito, que o escrito anônimo não é documento para efeitos da infração de falsificação de documento particular, descrita neste artigo. Também, nesta hipótese, no caso de reprodução mecânica é indispensável a subscrição manuscrita, não se considerando documentos, simplesmente, impressos. Não é considerado documento, para fins legais e de direito, o ininteligível ou desprovido de qualquer sentido lógico.

A prática destas infrações disciplinares pode se caracterizar também como crime previsto pelo Código Penal e, nesta medida, deverá o Conselho representar perante a autoridade competente, para apuração no âmbito criminal, a seu critério, após análise cuidadosa das circunstâncias em que ocorrerão os fatos.

Das Penalidades
Art. 23. As infrações a este Código acarretarão penalidades, desde a multa à cassação do exercício profissional, na forma dos dispositivos legais e/ou regimentais.

Da ação processante dos Conselhos de fiscalização emerge a capacidade punitiva destas entidades, desde que comprovada a violação devidamente tipificada e enquadrada pela Comissão Permanente de Ética, em conformidade com os procedimentos adotados pelo instrumento processual respectivo, que regula os ritos formais para o transcurso do "processo".

A pena é, assim, resultado da declaração da procedência da ação ética e, consequentemente, da comprovação inequívoca da violação às disposições normativas. Pressupõe, ademais, que o penalizado esgotou, pelas vias administrativas, seu amplo direito de defesa e do contraditório e exercido e ampliado, no seio das entidades regionais a partir da radicalização da democracia que deve estar presente nas relações processuais.

A pena, nesta perspectiva, possui uma dimensão personalíssima e individualizada, não alcançando, evidentemente, a dimensão coletiva, preventiva e de orientação, esta última dirigida e destinada a número expressivo de pessoas e profissionais, orientados a partir de suas dificuldades, seus embates, seus dilemas profissionais cotidianos.

A adoção da Política de Fiscalização, principalmente na sua dimensão pedagógica preventiva, contribuirá para permitir a diminuição das violações éticas e para possibilitar a efetividade dos princípios afirmativos firmados neste Código de Ética.

Com efeito, a função que deve ser atribuída a pena é a proteção dos valores fundantes do projeto ético-político do Serviço Social, entre os quais a liberdade, a emancipação humana, a radicalização da democracia, encarados como "bens jurídicos" defendidos e protegidos pelo Código de Ética do assistente social.

Explicitamos, por meio da visão marxista, o papel que deve ser desempenhado pela pena na intenção de superar e se contrapor às relações de poder, engendradas pelo capital. Afasta-se, pois, a partir desta perspectiva, a concepção da pena em seu efeito intimidante e vingativo, bem como a função da pena sob o princípio da "retribuição equivalente", uma característica essencial da estrutura das relações econômicas fundadas no capitalismo.

Contudo, lembramos que os *valores éticos são indisponíveis* e, por isso, o papel dos Conselhos Federal e Regionais de Serviço Social na perquirição da *recomposição do direito violado* é atribuição que deve estar presente na atividade administrativa destas entidades, pois infringe e usurpa direitos de titularidade da sociedade.

Esta concepção traz em si duas vertentes da pena, quais sejam: 1. como recomposição de direito violado (sociedade) e 2. como possibilidade de reafirmar os valores do Código de Ética do assistente social, com a intenção da superação daqueles impostos pela sociedade capitalista e pela ideologia dominante, por meio da possível mudança da conduta profissional (penalizado).

Ao vedar condutas profissionais, o regramento ético material estabelece quais são aquelas que *não* representam e negam os princípios inscritos no Código de Ética profissional e, consequentemente, contrários a concepção do projeto profissional.

A capacidade punitiva deve, pois, ser entendida como uma real necessidade para a garantia do projeto ético-político, porém deve ser executada também nessa mesma perspectiva. Os Conselhos Regionais e Federal de Serviço Social não podem reproduzir a concepção do sistema penal no âmbito das relações do capitalismo, fundada historicamente na submissão dos penalizados, produzindo as relações sociais de dominação de classe.

Impende, ainda, ressaltar que toda aplicação de pena deve ser devidamente fundamentada e motivada, principalmente aquela que não cumpre o critério da gradação previsto no artigo 24 deste Código.

A questão relativa a motivação das decisões, sejam administrativas ou judiciais, vem ganhando relevo tanto na doutrina como na jurisprudência, merecendo destaque os ensinamentos do eminente jurista Heleno Cláudio Fragoso (1967, p. 171) que, ao se referir ao exame da aplicação da pena relacionada ao exercício do poder discricionário conferido as autoridades administrativas ou judiciais incumbidas de proferir decisões, argumenta que:

> o sistema do livre convencimento, por um lado e, por outro, a tendência do Direito Penal de nosso tempo no sentido da ampliação dos poderes discricionários do juiz, tornam mais grave e importante o dever de fundamentar a pena imposta, para excluir, tanto quanto seja possível, o arbítrio e o capricho do julgador, assegurando-se a aplicação da pena justa.

Giuseppe Bettiol (1974, p. 220) ensina que:

> a sentença é fruto e resultado de uma delicada operação lógica que o juiz deve manifestar por escrito. A fim de que o raciocínio por ele seguido possa ser controlado sob o aspecto de sua impecabilidade, a jurisdição é inteiramente ligada à motivação. A motivação, no que se refere ao fato, exige que o juiz, referindo-se às provas recolhidas e valoradas, deva exprimir as razões pelas quais um fato, nos seus elementos objetivos e subjetivos, essenciais ou acidentais, constitutivos ou impeditivos deva ou não considerar-se presente. A motivação, quanto ao direito, exige que o juiz deva exprimir o porquê de uma determinada escolha normativa interpretativa.

Equivale dizer que a motivação de decisões punitivas, mesmo na esfera administrativa, tem que ser fundamentada sob pena da possibilidade de anulação da decisão, seja pela via recursal ou judicial.

Além do mais, é democrático que aquele que foi atingido pela decisão punitiva saiba, no dizer de Bettiol (1974, p. 20), o "porquê daquela escolha" e tenha a possibilidade de saber todas as razões interpretativas ou normativas que a fundamentam, para poder, inclusive, se contrapor a esta, corrigindo eventualmente os abusos e arbítrios que, por não raras vezes, acontecem nestas relação de poder.

A individualização da pena, prevista no artigo 5º, inciso XLVI, da Constituição Federal, é outro requisito fundamental na sua aplicação, encontrando sua garantia e seus limites no artigo 28 deste Código de Ética.

Art. 24. As penalidades aplicáveis são as seguintes:

As penas só poderão ser aplicadas *após transitar em julgado a decisão*, proferida pelo Conselho Regional de Serviço Social ou então, modificada, em grau recursal, pelo Conselho Federal de Serviço Social.

A penalidade a ser aplicada deve ser proporcional à conduta praticada. A pena deve ser limitada à pessoa do responsável pela violação praticada. O princípio da razoabilidade e o da proporcionalidade devem estar presentes na aplicação da pena, para que atuação dos Conselhos esteja em consonância com os interesses coletivos da sociedade. O critério para a aplicação da pena deve ter também como componente o cumprimento das normas materiais éticas a partir da análise da conduta do denunciado dentro da estrutura jurídica da violação, após verificada a configuração do fato típico.

O ordenamento material não prevê a aplicação de mais de uma penalidade em relação a processo ético movido em face de um denunciado, mesmo que fique caracterizado e comprovado que este violou mais de uma disposição do Código de Ética do assistente social.

Diante de tal evidência, somente uma penalidade poderá ser aplicada a um denunciado em decorrência do julgamento da ação ética caracterizada procedente pelo Conselho Pleno.

Consideramos que a aplicação de mais de uma penalidade para o mesmo acusado em um mesmo processo caracteriza-se como *bis in idem*, figura jurídica vedada no âmbito do Direito, eis que penaliza duas vezes o denunciado pelos mesmos fatos. O princípio em comento estabelece que ninguém poderá ser punido mais de uma vez pela mesma infração. A partir de uma compreensão mais ampla deste princípio, a aplicação da pena deve se ocupar mais com o fato delituoso, ao invés da perseguição, rotulação e segregação do penalizado.

Somente pode ser aplicada uma nova penalidade na hipótese deste mesmo penalizado vir a sofrer outro processo ético, por outros fatos, oportunidade em que se dará a reincidência, o que enseja a instauração de novo processo ético para apuração da responsabilidade ética.

a) multa;

É a única penalidade que tem natureza pecuniária e, mesmo sendo considerada dívida de valor, não perde sua natureza de sanção.

b) advertência reservada;

É uma pena que tem caráter sigiloso, uma vez que é aplicada ao denunciado por um ou mais conselheiros, sem qualquer divulgação para terceiros. É uma pena que cumpre papel de orientação, na medida em que, nesta oportunidade, serão discutidos os fatos inquinados de violadores para uma adequada reflexão acerca da dimensão do Código de Ética do assistente social.

Tal pena, em geral, é aplicada na sede do Conselho Regional, em uma sala que garanta o sigilo. As orientações e reflexões serão registrados em um termo próprio, onde será consignado que o penalizado foi advertido, bem como o teor da referida orientação. Ao final, o Termo de Advertência Reservada será subscrito por todos os presentes, será fornecida cópia ao penalizado e uma via será anexada ao processo.

c) advertência pública;

A publicidade da pena de advertência implica o seu agravamento, uma vez que promove a sua divulgação perante a sociedade. Por isso, a natureza da pena de advertência pública é muito mais severa que a advertência reservada e deve ser aplicada mediante a constatação da gravidade da violação praticada pelo assistente social.

Os fatos que ensejam o processo ético, quando aplicada a pena de advertência pública, perdem seu caráter sigiloso e dão lugar a divulgação ampla dos componentes da ação ética.

Na advertência pública são explicitados os fatos, a tipificação destes e o enquadramento normativo, bem como o nome do profissional e sua inscrição no CRESS respectivo. Permite, assim, à sociedade ter conhecimento do fato tipificado como violador, possibilitando de maneira democrática que os usuários e a sociedade possam também exercer controle de forma que propugne pelos seus direitos, quando violados.

A publicidade da advertência implica, ainda, a ampliação da democracia e na defesa da cidadania, na medida em que a socialização desta informação tem como consequência a mediação e relativização das relações de poder. Aqui falamos da garantia da cidadania na perspectiva do acesso à informação e de a sociedade ser partícipe desta dimensão pública, compreendendo, contudo, que em um Estado capitalista falar em cidadania não significa ser efetivamente, mas apenas formalmente.

De qualquer forma, a defesa de qualquer procedimento que amplie a consolidação da cidadania é fundamental, inclusive na direção da construção da emancipação humana, supondo a erradicação do capital e de todas as suas categorias.

Por outro lado, a aplicação da pena de advertência pública põe em relevo o cumprimento da prestação jurisdicional de atribuição das entidades de fiscalização do exercício profissional, permitindo que a sociedade se aproprie da dimensão ética do Serviço Social e consiga compreender a importância de tais entidades no controle do exercício profissional.

Ressalte-se, ainda, que há de se ter cautela na aplicação de tal pena, cuja revisão pode se pleiteada perante o Judiciário e, na hipóte-

CÓDIGO DE ÉTICA DO/A ASSISTENTE SOCIAL COMENTADO

se de ser aplicada indevidamente, poderá ser anulada por decisão judicial, gerando, inclusive, indenização por danos materiais e morais.

d) suspensão do exercício profissional;

Tal pena afigura-se como restritiva de direitos, pois impede que o profissional exerça sua profissão no período da suspensão. Em sentido geral, restrição tem como significado "o ato ou efeito de restringir; condição restritiva; imposição de limite; condicionante". Na significação jurídica entende-se como "limitação ou condição que a lei impõe ao livre exercício de um direito ou uma atividade, reserva, ressalva" (Houaiss, 2001, p. 2443).

Apesar de a Constituição Federal consagrar o direito ao livre exercício profissional, este poderá ser restringido mediante a necessidade do cumprimento de exigências e requisitos legais.

Diante disso, compete às entidades de fiscalização profissional determinar, em conformidade com as normas vigentes e no âmbito de sua competência, quais as situações que autorizam a restrição ao exercício profissional, mediante a comprovação inequívoca de violação, devidamente apurada pelos instrumentos processuais vigentes.

Na aplicação desta pena (restritiva de direitos) há de ter decisão fundamentada demonstrando a necessidade e inevitabilidade da aplicação de pena restritiva do trabalho. Sendo a categoria "trabalho" direito fundamental, assegurado pela Constituição Federal de 1988, a restrição ao seu exercício deve ser demonstrada como solução para a controvérsia, no sentido da inequívoca necessidade de afastamento, ainda que temporário, do penalizado ao trabalho, sob pena de causar prejuízos a sociedade.

Assim, o estabelecimento de limite, restrição, vedação ao direito fundamental ao trabalho deve ser motivado pela existência de outros valores, previstos igualmente no ordenamento normativo e circunstâncias em risco eminente.

A jurisprudência tem sido unânime em anular a aplicação de penas restritivas de direitos que não sejam motivadas e fundamentadas e que não seja comprovada a sua inevitabilidade no mundo jurídico, conforme decisão que transcrevemos a seguir, que inclusive determina a recomposição dos danos morais sofridos pelo penalizado:

Processo: AC 74969 PR 2000.04.01.074969-0
Relator(a): EDGARD ANTÔNIO LIPPMANN JÚNIOR
Julgamento: 15/08/2000
Órgão Julgador: QUARTA TURMA
Publicação: *DJ*, 20/09/2000 PÁGINA: 317

Ementa

AÇÃO INDENIZATÓRIA. DANOS MORAIS. LUCROS CESSANTES. SUSPEN-SÃO/LIMITAÇÃO DO EXERCÍCIO PROFISSIONAL. ATO ILÍCITO. PRESCRIÇÃO

Em sendo o presente pedido de indenização decorrente de ato ilícito, passaria a correr o prazo prescricional de quando tal atitude foi definitivamente considerada irregular, no caso, quando do trânsito em julgado da sentença mandamental, em 23/11/95 (julgamento do apelo, por esta Corte), inocorrendo a prescrição apontada.

A pena de supressão, assim como a de restrição, da possibilidade profissional de uma pessoa desvela-se em verdadeira *capitis diminutio* social, devendo apenas ser aplicada em escorreita consonância com as possibilidades e formas previstas em lei. No presente caso não o foram, consoante decisões judiciais insuscetíveis de revisão por esta Instância. Em face de tais elementos, tenho como configurado o abalo moral sofrido pelo autor, este diretamente ligado às atitudes do conselho-réu.

No que tange à compensação financeira estipulada, andou bem o Juízo *a quo* ao aplicar a teoria do desestímulo, intentando a profilaxia quanto a novas agressões.

Em sendo o trabalho a única fonte de renda do autor (nada nos autos indica o contrário), entendo caber a presunção da ocorrência de prejuízo material, seja no tempo em que vigeu a limitação (que impôs ao profissional trabalhar aquém de sua capacidade), seja, *a fortiori*, enquanto perdurou a suspensão do exercício profissional.

Mesmo sendo uma compensação mitigada em relação ao que poderia o autor ter auferido, presta-se o piso salarial da categoria de engenheiro como parâmetro para se aferir o dano patrimonial.

Acordão

A TURMA, POR UNANIMIDADE, DEU PROVIMENTO AO APELO DO AUTOR E NEGOU PROVIMENTO AO APELO DO RÉU E À REMESSA OFICIAL, NOS TERMOS DO VOTO DO RELATOR. O JUIZ CAPALETTI DEU O FEITO POR REVISADO.

CONDENAÇÃO, CONSELHO REGIONAL DE ENGENHARIA, ARQUITETURA E AGRONOMIA (CREA), INDENIZAÇÃO, ENGENHEIRO, DANO MORAL, DECORRÊNCIA, SUSPENSÃO (PENALIDADE ADMINISTRATIVA), OBJETO, ANULAÇÃO, VIA JUDICIAL. EXISTÊNCIA, NEXO DE CAUSALIDADE. TERMO INICIAL, DECISÃO JUDICIAL, SUSTAÇÃO, ATO ILÍCITO. INAPLICABILIDADE, PENA, CONFISSÃO, INDEPENDÊNCIA, INTEMPESTIVIDADE, CONTESTAÇÃO, CONSELHO REGIONAL DE ENGENHARIA, ARQUITETURA E AGRONOMIA (CREA). EXISTÊNCIA, INTERESSE PÚBLICO. INDENIZAÇÃO, LUCRO CESSAN-TE, PERÍODO, DURAÇÃO, SUSPENSÃO. UTILIZAÇÃO, PISO SALARIAL, CATEGORIA PROFISSIONAL. INCIDÊNCIA, CORREÇÃO MONETÁRIA, JUROS DE MORA.

e) cassação do registro profissional.

A cassação do registro profissional do assistente social é a pena mais severa, considerando a gradação especificada por esse artigo. Ela impede o exercício profissional, desde que fique comprovada a inevitabilidade da aplicação desta sanção e necessidade de afastamento do penalizado do exercício profissional, de forma que protege a dignidade e a integridade dos usuários dos serviços e a sociedade.

No âmbito jurídico — da doutrina — e na esfera judicial — da jurisprudência —, a aplicação desta penalidade é controvertida, dividindo-se as opiniões e as decisões acerca da matéria.

Várias são as conclusões que adotam a posição de *inconstitucionalidade* da pena de cassação do exercício profissional em face do seu caráter perpétuo, quando uma vez cassado o profissional não poderá mais retornar ao exercício da profissão. Isto porque a Constituição da República veda, expressamente, a aplicação de penas perpétuas na forma determinada pelo inciso XLVII do artigo 5º. Diante desta inconstitucionalidade o profissional, após um tempo da cassação, poderia buscar a tutela jurisdicional para pleitear a anulação dos efeitos da pena, bem como a declaração de sua reabilitação.

Já outras decisões compreendem que a gravidade de um fato autoriza a aplicação da pena de cassação, não existindo qualquer ilegalidade e muito menos inconstitucionalidade nesta decisão administrativa. Quanto à Constituição Federal vedar a cominação de penas perpétuas, esta vedação é estabelecida com vistas à garantia da dignidade da pessoa e da vida humana. Sendo assim, não se mostra inconstitucional a cassação do exercício profissional quando este exercício vinha se revelando irregular e atentatório aos bens que a Constituição visa garantir, como a integridade física, a dignidade da pessoa humana e a própria vida.

No âmbito do Serviço Social, o instrumento processual que regula o processo, seus ritos e sua dinâmica prevê a reabilitação, o que, por si só, já afasta qualquer possibilidade de arguição de inconstitucionalidade da pena em comento e traduz a concepção de acreditar na mudança do ser humano.

O Código Processual de Ética, hoje regulamentado pela Resolução CFESS n. 428/2002, estabelece que, depois de decorridos 5 (cinco) anos de aplicação da pena de cassação do exercício profissional, poderá o penalizado requerer sua reabilitação perante o Conselho Regional de Serviço Social respectivo, solicitando a reativação de seu registro profissional.

Deverá, para tanto, apresentar requerimento, dirigido ao CRESS, solicitando sua reabilitação, informando a data que lhe foi aplicada pena de cassação de exercício profissional e declarando que em tal período não exerceu qualquer função, atividade ou atribuição do assistente social.

Além do requisito temporal, impõe-se também, para efeito do deferimento do pedido de reabilitação, que o interessado se submeta a uma capacitação e orientação, com duração de 8 (oito) horas, a ser ministrada por um agente multiplicador, conselheiro ou por profissional indicado pelo CRESS, cujo conteúdo versará sobre os princípios e normas do Código de Ética Profissional do assistente social. O pedido de reabilitação será indeferido: I — se não houver transcorrido mais de 5 (cinco) anos, contados da data da publicação no Diário Oficial da aplicação da pena de cassação do exercício profissional, até a apresentação do requerimento de reabilitação; II — se existir prova inequívoca quanto à prática de exercício de funções, atividades ou atribuições do(a) assistente social pelo interessado, no período em que estava cumprindo pena de cassação; III — se o interessado deixar de comparecer e de se submeter à capacitação a que se refere o artigo 60 deste Código, sendo que de tal decisão caberá recurso ao CFESS.

Outro aspecto fundamental na aplicação da pena de cassação, além de sua inevitabilidade, deve ficar comprovado que visa proteger direitos fundamentais e essenciais, que sem a aplicação dessa pena estariam ameaçados.

A observância do princípio da proporcionalidade deve estar presente na decisão na medida em que é enumerado de acordo com a gravidade.

Nesse sentido, aliás, é unânime a doutrina em reconhecer uma gradação na aplicação da pena de acordo com a conduta apurada. Notadamente, portanto, há uma gradação entre as espécies desse artigo 24 que impõem limites ao colegiado no ato da *dosimetria*.

Tem-se entendido por lícita a aplicação das penalidades alinhadas neste artigo 24, sob estrito e perseverante controle de suas normas e da proporcionalidade, sobretudo este último, a recomendar o colegiado ao julgar eleja a medida adequada e justa para o alcance dos fins perseguidos, como, afinal, ficou assente na Lei n. 9.784, de 29 de janeiro de 1999, que regula o processo administrativo na esfera federal:

> Art. 2º A Administração Pública obedecerá, dentre outros, aos princípios da legalidade, finalidade, motivação, razoabilidade, proporcionalidade, moralidade, ampla defesa, contraditório, segurança jurídica, interesse público e eficiência.
>
> Parágrafo único. Nos processos administrativos serão observados, entre outros, os critérios de:
>
> [...]

VI — adequação entre meios e fins, vedada a imposição de obrigações, restrições e sanções em medida superior àquelas estritamente necessárias ao atendimento do interesse público;

[...].

O inciso VI, supratranscrito, nada mais traduz do que a materialização do princípio da proporcionalidade no momento da aplicação de uma sanção administrativa, já que exige que não se imponha sanção administrativa, da qual a sanção ética é espécie, em medida superior àquela estritamente necessária ao atendimento do interesse público e que esteja em consonância com a concepção do projeto ético-político do Serviço Social.

Na medida em que a adequação, necessidade, proporcionalidade, razoabilidade, equidade e justiça de um ato condicionam sua eficácia, a aplicação das sanções tem sua validade desafiada pela compatibilidade entre sua adoção e a gravidade da falta, em razão da concepção adotada por este Código de Ética.

Parágrafo único. Serão eliminados dos quadros dos CRESS, aqueles que fizerem falsa prova dos requisitos exigidos nos Conselhos.

A eliminação dos quadros do Conselho é medida adequada e necessária para aqueles que apresentarem documentos, para efeito de registro no CRESS, que sejam, comprovadamente falsos, adulterados, inidôneos ou contenham vícios que não atendam às exigências e requisitos previstos por lei, para o exercício profissional.

Art. 25. A pena de suspensão acarreta ao assistente social a interdição do exercício profissional em todo o território nacional, pelo prazo de 30 (trinta) dias a 2 (dois) anos.

A gradação do tempo de suspensão que impede o exercício profissional deve também observar o princípio da proporcionalidade e da razoabilidade, considerando, inclusive, que o exercício profissional é o meio pelo qual o penalizado garante seu sustento e sua sobrevivência.

CÓDIGO DE ÉTICA DO/A ASSISTENTE SOCIAL COMENTADO

Parágrafo único. A suspensão por falta de pagamento de anuidades e taxas só cessará com a satisfação do débito, podendo ser cassada a inscrição profissional após decorridos três anos da suspensão.

A falta de pagamento da anuidade, como já esclarecemos nos comentários ao artigo 22, é falta disciplinar, o que será objeto de procedimento próprio. A suspensão do exercício profissional por inadimplência do pagamento de anuidades ocorrerá após instaurado procedimento disciplinar e concedido o direito de defesa e do contraditório. A pena terá seu efeito suspenso com a satisfação do débito. A cassação da inscrição nesta hipótese, ao contrário do que possa parecer, é um mecanismo de proteção para o profissional de forma que impede e susta a acumulação sucessiva de seus débitos.

Art. 26. Serão considerados na aplicação das penas os antecedentes profissionais do infrator e as circunstâncias em que ocorreu a infração.

Esta disposição é de fundamental importância para aplicação das penas e para sua dosagem. Pois bem, os antecedentes profissionais, caracterizados por declarações, certidões, depoimentos, acerca da conduta profissional do acusado, devem ser elementos para aplicação da pena.

As circunstâncias, objetivas e subjetivas, que fazem parte do fato violador, podem agravar ou atenuar a penalidade, sem modificação de sua essência. Constituem elementos que se agregam ao fato violador, sem alterá-lo na sua substância, embora produzam efeitos e reflexos para compreender a dimensão da conduta profissional e, consequentemente, para a dosagem justa da penalidade a ser aplicada. Portanto, é requisito obrigatório, que ao julgar uma ação ética o colegiado deve observar.

Art. 27. Salvo nos casos de gravidade manifesta, que exigem aplicação de penalidades mais rigorosas, a imposição das penas obedecerá à gradação estabelecida pelo artigo 24.

É necessário que se faça um uso cauteloso na aplicação da pena, de forma que o Código de Ética cumpra o seu verdadeiro papel.

Quando a gradação estabelecida pelo artigo 28 deste Código de Ética deixar de ser observada em razão da gravidade dos fatos, a decisão deve, obrigatoriamente, ser fundamentada, sob pena de sua ineficácia jurídica.

Neste sentido são as sentenças judiciais em relação à revisão das decisões quanto às penalidades prolatadas em processos administrativos, em face do excesso na sua aplicação, por outras vezes em vista da falta de fundamentação, por outras por não observância dos requisitos para a sua aplicação, conforme reproduzimos a seguir:

Processo: AC 29694 RS 2005.71.00.029694-8
Relator(a): EDGARD ANTÔNIO LIPPMANN JÚNIOR
Julgamento: 21/03/2007
Órgão Julgador: QUARTA TURMA
Publicação: *DE*, 16/04/2007

Ementa: CONSELHO PROFISSIONAL. SUSPENSÃO DO EXERCÍCIO PROFISSIONAL. MOTIVAÇÃO DA PUNIÇÃO.
ENQUADRAMENTO. ALEGAÇÃO DE EXCESSIVIDADE DA PENA. DESNECESSIDADE DE UNANIMIDADE NAS VOTAÇÕES E PARECERES DO CRC/RS E CFC.
Comprovada a infração relativa à prática irregular de atividades profissionais, e havendo expressa menção legal quanto a ela, sendo observada a primariedade do infrator, a aplicação da pena mínima prevista em lei se impõe, descabendo alegação de excesso por parte do Conselho Profissional, do qual não se exige unanimidade nas votações e pareceres.

Art. 28. Para efeito da fixação da pena serão considerados especialmente graves as violações que digam respeito às seguintes disposições:

Art. 3º — alínea c

Art. 4º — alínea a, b, c, g, i, j

Art. 5º — alínea b, f

Art. 6º — alínea a, b, c

Art. 8º — alínea b, e

Art. 9° — alínea a, b, c

Art. 11 — alínea b, c, d

Art. 13 — alínea b

Art. 14

Art. 16

Art. 17

Parágrafo único do art. 18

Art. 19 — alínea b

Art. 20 — alínea a, b

Este artigo define quais as violações graves que autorizam a aplicação de penalidade sem o cumprimento do princípio da gradação. A especificação destes artigos foi cuidadosamente estudada, considerado como graves aquelas violações que estejam vinculadas a garantia dos direitos humanos, da liberdade, da autonomia e aquelas que provocam prejuízos diretos aos usuários do serviço.

Mesmo consideradas graves as condutas profissionais enquadradas nesses artigos, há que se ter cautela na aplicação das penalidades, uma vez que as sanções que restringem, limitam ou subtraem o direito constitucional do trabalho devem, como já nos referimos em outros comentários, ser aplicadas de maneira absolutamente fundamentada e motivada, de forma que demonstre, claramente, a inevitabilidade da aplicação da pena restritiva.

É necessário expressar, de forma inequívoca, que outro valor fundamental que se sobreponha ao direito do trabalho está sendo ameaçado e que merece a proteção, reclamando a tutela jurisdicional que só é possível a partir do afastamento do profissional de sua atividade profissional.

A pena de censura pública também deve ser aplicada com cautela e de forma fundamentada, uma vez que, embora não limite diretamente o exercício profissional, pode gerar consequências no âmbito da atividade profissional do penalizado, tal como demissão e até exoneração de servidor, caso a penalidade tenha reflexos, inclusive, morais, na atividade desempenhada por ele.

A não aplicação de forma adequada das penalidades pode implicar a modificação dessa decisão pelo Conselho Federal de Serviço Social como instância recursal e pode ser objeto de questionamento pelo Poder Judiciário, pretendendo a sua anulação e a determinação, conforme o caso, de indenização pelos prejuízos morais e materiais sofridos injustamente pelo penalizado.

Parágrafo único. As demais violações não previstas no "caput", uma vez consideradas graves, autorizarão aplicação de penalidades mais severas, em conformidade com o art. 26.

Essa disposição também autoriza a aplicação de penalidades consideradas de maior gravidade, excepcionando o princípio da gradação das penas. Mesmo que a conduta antiética não se enquadre nos artigos especificados no *caput*, a presença de maus antecedentes do profissional processado ou mesmo as circunstâncias desfavoráveis em que ocorreu a infração podem permitir o agravamento da pena. Portanto, tais aspectos devem estar plenamente demonstrados na decisão do colegiado, sob pena de nulidade da penalidade aplicada.

Art. 29. A advertência reservada, ressalvada a hipótese prevista no art. 32 será confidencial, sendo que a advertência pública, suspensão e a cassação do exercício profissional serão efetivadas através de publicação em Diário Oficial e em outro órgão da imprensa, e afixado na sede do Conselho Regional onde estiver inserido o denunciado e na Delegacia Seccional do CRESS da jurisdição de seu domicílio.

A advertência reservada é aquela que aplicada após o devido trânsito em julgado da decisão implica a convocação do assistente social para ser orientado acerca dos motivos pelos quais a penalidade lhe foi aplicada, tendo caráter confidencial. A advertência será lavrada em termo escrito, "Termo de Advertência Reservada", e subscrita por todos os presentes. Será fornecida cópia ao penalizado e uma via será anexada ao processo, que será guardado em arquivo confidencial. A pena nem será registrada no prontuário nem tão pouco em qualquer documento do profissional.

A advertência pública, a suspensão e a cassação do exercício profissional serão efetivadas com a publicação em Diário Oficial do Estado, da jurisdição de inscrição do profissional penalizado e em outro órgão da imprensa, que pode ser em jornal de circulação do Estado, para conhecimento da sociedade ou até no veículo de comunicação do Conselho Regional, este último como alternativa, em razão dos custos para publicação de uma penalidade em jornal de grande ou média circulação.

Uma via da publicação da aplicação da pena será afixada na sede do Conselho Regional e Seccional, caso o profissional esteja vinculado a uma região onde esteja instalada uma Seccional.

Art. 30. Cumpre ao Conselho Regional a execução das decisões proferidas nos processos disciplinares.

É de atribuição do Conselho Regional de Serviço Social a execução das decisões prolatadas nos processos disciplinares e/ou éticos, na medida em que lhe compete em sua jurisdição orientar e fiscalizar o exercício profissional.

O assistente social que será penalizado está vinculado àquele CRESS por meio de sua inscrição. Evidencia-se, tanto na doutrina como na jurisprudência, a compreensão de que a execução da pena é de competência do foro onde está inscrito o profissional, ou seja, onde exerce a profissão e, consequentemente, onde reside. Dessa forma, mesmo que a penalidade tenha sido decidida em âmbito recursal, ainda que com a reforma da decisão de primeira instância, compete ao CRESS a sua execução.

Art. 31. Da imposição de qualquer penalidade caberá recurso ao CFESS, com efeito suspensivo.

O recurso é um "remédio" jurídico, dirigido a uma instância superior, que pode ensejar, dentro do mesmo processo, a reforma ou a invalidação de uma decisão prolatada pela primeira instância administrativa ou judicial, obedecendo ao princípio constitucional de duplo grau de jurisdição.

É, portanto, um instrumento processual destinado a corrigir um desvio, erro, na decisão que se impugna. O recurso é sempre apresentado pela parte que se insurge, no todo ou em parte, contra uma decisão. Julgado o processo ético pelo Conselho Regional de Serviço Social e julgada procedente a ação ética, caberá ao Regional aplicar a penalidade deliberada pelo colegiado. Não obstante somente a partir da ciência do interessado acerca da aplicação da penalidade e de seus fundamentos, é que começará a fluir o prazo, previsto pelo Código Processual de Ética, para interposição de recurso.

Os recursos serão interpostos por escrito e protocolados na Secretaria do Conselho Regional respectivo, que certificará a data da entrada e fornecerá comprovante de protocolo. Recebido o recurso, a parte contrária será intimada para oferecer contrarrazões e, em seguida, o CRESS encaminhará o original dos autos ao Conselho Federal de Serviço Social, para cumprimento de sua função recursal. O Conselho Federal funcionará, portanto, como instância recursal, podendo determinar a modificação da decisão do Regional. O recurso, tratado no âmbito do processo ético nas entidades de fiscalização do Serviço Social, dá continuidade e se desenvolve no mesmo processo, sendo, assim, uma nova fase processual.

A existência do sistema recursal, no âmbito das entidades de fiscalização profissional, representa também uma garantia democrática, pois atende ao princípio da pluralidade de graus de jurisdição em consonância com a concepção que se funda este Código de Ética, pois o conhecimento e a possibilidade de reexame da decisão da primeira instância administrativa por entidade de grau superior por si só implicam mais cuidado, prudência e justiça.

Art. 32. A punibilidade do assistente social, por falta sujeita a processo ético e disciplinar, prescreve em 05 (cinco) anos, contados da data da verificação do fato respectivo.

A Lei n. 6.838, de 29 de outubro de 1980, estabelece disposições gerais sobre o prazo prescricional para a punibilidade do "profissional liberal", por falta sujeita a processo disciplinar, a ser aplicada pelo órgão competente, alcançando seus efeitos jurídicos a todas as entidades de fiscalização do exercício de profissões regulamentadas. O artigo 1º da referida lei estabelece que: "A punibilidade do profissional liberal, por falta sujeita a processo disciplinar, através do órgão que esteja inscrito, prescreve em 5 (cinco) anos, contados da data da *verificação do fato respectivo*" (destaque nosso). O Código Processual de Ética do conjunto CFESS-CRESS recepciona as disposições legais, corroborando o critério para contagem da prescrição, que passa a incidir, temporalmente, a partir do fato imputado de violador.

Prevê a mesma lei, entretanto, ato decorrente de prática processual, que gera a interrupção da prescrição, recomeçando a partir de tal evento a fluir igual prazo prescricional, ou seja, mais 5 (cinco) anos, conforme disposição ínsita no artigo 2º da lei em comento.

Assim, o conhecimento expresso ou a notificação feita diretamente ao profissional denunciado, ensejando a apresentação de defesa escrita ou a termo, interrompe o prazo prescricional, recomeçando a fluir novo prazo de 5 (cinco) anos. Nessa medida, a interrupção do prazo prescricional ocorre na data do recebimento da correspondência encaminhada pelo CRESS ao denunciado, instando-o à apresentação de defesa escrita. Por isso mesmo, o Código Processual de Ética, instituído pelo CFESS, ao prever o procedimento antedito, estabelece que a citação do denunciado deverá ser efetivada por carta com Aviso de Recebimento (AR), de forma que possibilite a comprovação do recebimento, bem como da data em que o denunciado tomou conhecimento expresso dos termos da carta de citação. Tal data será o referencial para verificação da interrupção da prescrição. Se entre a data do fato e a data da citação do denunciado tiver transcorrido mais de 5 (cinco) anos, impor-se-á a declaração de prescrição, em face da extinção da punibilidade e, consequentemente, da infração ética. O julgamento válido prolatado pela primeira instância administrativa interrompe a prescrição, começando a fluir, novamente, o prazo de 5 (cinco) anos.

Art. 33. Na execução da pena de advertência reservada, não sendo encontrado o penalizado ou se este, após duas convocações, não comparecer no prazo fixado para receber a penalidade, será ela tornada pública.

A advertência reservada é uma penalidade que tem natureza sigilosa, assim como o trâmite do processo respectivo. Diferentemente de algumas penalidades que são públicas, a advertência reservada tem como finalidade orientar o profissional, mantendo com este um diálogo e reflexão, no momento da aplicação da pena, objetivando o reconhecimento da infração e a mudança da conduta profissional.

O sigilo alcança todos os conselheiros do Conselho Regional, do Federal, membros das Comissões que atuaram no feito, bem como qualquer funcionário ou assessor que tomou conhecimento dos fatos em decorrência de seu ofício.

Porém, o comparecimento do penalizado é exigência fundamental para cumprimento da função jurisdicional dos Conselhos e para que estes cumpram, adequadamente, sua atribuição pública de defesa da sociedade.

Diante disso e da seriedade das atribuições dos Conselhos Regionais e Federal, na hipótese de o penalizado não comparecer, após duas vezes convocado, a penalidade de advertência reservada será transformada em pública, seguindo os mesmos procedimentos da aplicação da pena prevista pelo artigo 24, alínea "c", deste Código.

§ 1º A pena de multa, ainda que o penalizado compareça para tomar conhecimento da decisão, será publicada nos termos do Art. 29 deste Código, se não for devidamente quitada no prazo de 30 (trinta) dias, sem prejuízo da cobrança judicial.

Igualmente, a pena de multa será objeto de publicação se não for quitada no prazo de 30 (trinta) dias do conhecimento da decisão, que pode ser efetivado (o conhecimento) mediante comparecimento pessoal do penalizado ou pelo encaminhamento da notificação consubstanciando a decisão. Para publicação da pena de multa é imprescindível a comprovação da ciência do penalizado acerca da decisão.

Após esgotados os mecanismos de localização do penalizado, por duas vezes, e constatado que ele está em lugar incerto e não sabido ou se furtar ao recebimento da notificação, deverá ser publicada a penalidade nos termos do artigo 29 deste Código.

> *§ 2º Em caso de cassação do exercício profissional, além dos editais e das comunicações feitas às autoridades competentes interessadas no assunto, proceder-se-á a apreensão da Carteira e Cédula de Identidade Profissional do infrator.*

No caso de cassação, além das publicações já referidas nos comentários do artigo 23, alínea "c", serão comunicadas as autoridades que estejam vinculadas à atividade do assistente social, como, por exemplo, o empregador, superior hierárquico do penalizado, órgão onde atua e outros que estejam ligados aos fatos objeto da denúncia e da ação ética.

O penalizado fica obrigado a entregar sua Carteira e Cédula de Identidade Profissional ao respectivo CRESS, ou a apresentação de Boletim de Ocorrência em caso de extravio, oportunidade em que se lavrará um termo respectivo. Havendo recusa para entrega dos documentos profissionais, o Conselho Regional de Serviço Social respectivo deverá prover a ação judicial cabível, objetivando a apreensão dos documentos profissionais do penalizado com a cassação.

Os documentos do profissional cassado serão anexados ao seu processo ético e arquivados, de forma que um eventual pedido de reabilitação profissional possa ser processado nestes autos.

> *Art. 34. A pena de multa variará entre o mínimo correspondente ao valor de uma anuidade e o máximo do seu décuplo.*

A pena de multa só poderá ser aplicada, como todas as demais, após garantido o direito de defesa e do contraditório, mediante a instauração de processo disciplinar ético e a sua apuração é após transitada em julgado a decisão. O valor máximo da pena consiste em até dez vezes do valor da anuidade, à época de sua aplicação.

A pena de multa não deve ser aplicada na perspectiva de se constituir fonte de receita, pois assim estaria comprometida a sua função de permitir que o profissional penalizado possa refletir e reconsiderar sua conduta profissional, bem como a função dos Conselhos Regionais de contribuir com a consolidação da cidadania e da dignidade da pessoa humana, que exerce um papel essencial no tocante ao tema, pois não há como tratar da questão das violações éticas e, consequentemente, das penas sem relacioná-las às estruturas sociais e econômicas que produzem tais condutas.

Art. 35. As dúvidas na observância deste Código e os casos omissos serão resolvidos pelos Conselhos Regionais de Serviço Social "ad referendum" do Conselho Federal de Serviço Social, a quem cabe firmar jurisprudência.

No cotidiano da atividade processante, que se realiza nos Conselhos Regionais de Serviço Social, surgem, por não raras vezes, dúvidas e omissões na aplicação do Código de Ética. Evidentemente que a norma não dá conta de toda a realidade e de todas as situações que ocorrem no exercício profissional do assistente social, principalmente nos tipos normativos que muitas vezes não correspondem, exatamente, à situação a ser enquadrada para efeito da correta e adequada apuração dos fatos.

A aplicabilidade de uma norma está relacionada com a sua capacidade de produzir efeitos jurídicos, o que será sentido ao executar os efeitos normativos em situações no mundo fático. Contudo, existem diferenças fundamentais quanto à natureza da "omissão ou lacuna" da norma, como assevera Gilmara Monteiro Baltazar (2010):

[...] Os autores dividem-se em duas principais correntes antitéticas: a que afirma, pura e simplesmente, a inexistência de lacunas, sustentando que o sistema jurídico forma um todo orgânico sempre bastante para disciplinar todos os comportamentos humanos; e a que sustenta a existência de lacunas no sistema, que, por mais perfeito que seja, não pode prever todas as situações de fato, que, constantemente, se transformam, acompanhando o ritmo instável da vida. A expressão "lacuna" concerne a um estado incompleto do sistema, ou seja, há lacuna quando uma exigência do direito, fundamentada objetivamente pelas circunstâncias sociais, não encontra satisfação na ordem jurídica. Diz-se "lacuna" nos possíveis casos em que o direito objetivo não oferece, em princípio, uma solução. [...] O direito não se reduz, portanto, à singeleza de um único elemento, donde a possibilidade de se obter uma unidade sistemática que o abranja em sua totalidade. Três são as principais espécies de lacuna: 1ª) normativa, quando se tiver ausência de norma sobre determinado caso; 2ª) ontológica, se houver norma, mas ela não corresponder aos fatos sociais: quando, por exemplo, o grande desenvolvimento das relações sociais e o progresso técnico acarretaram o ancilosamento da norma positiva; 3ª) axiológica, ausência de norma justa, isto é, existe um preceito normativo, mas, se for aplicado, sua solução será insatisfatória ou injusta. [...] Assim sendo, a analogia é, ao mesmo tempo, meio para mostrar a "falha" e para completá-la. São independentes porque pode haver constatação de lacunas cujo sentido ultrapasse os limites de preenchimento possível e porque o preenchimento da lacuna, salvo disposição expressa, não impede a sua constatação em novos casos e circunstâncias. [...] O juiz ao aplicar o costume deverá levar em conta os fins sociais deste e as exigências do bem comum, ou seja, os ideais de justiça e de utilidade comum, considerando-o sempre na unidade de seus dois elementos essenciais. [...] Assim, não se pode negar a valiosa função do direito exercida pela prática jurisprudencial, pela doutrina e pelo costume, decorrente do povo, na hipótese de lacuna normativa. [...]

Poderemos também nos defrontar, seja na compreensão preventiva deste Código de Ética seja na sua aplicação visando à apuração de fatos violadores, com as três dimensões das omissões ou lacunas, descritas pela autora, que devem ser dirimidas a partir da analogia a outros diplomas normativos no âmbito do Conjunto CFESS-CRESS, dos parâmetros constitucionais, das regras do direito público e, sobretudo, dos princípios firmados por este Código de Ética que fornecem todos os elementos necessários a compreensão da situação, pois neles — nos princípios — estão contidos uma concepção ético-política que:

contém em si mesma, uma projeção de sociedade — aquela em que se propicie aos trabalhadores um pleno desenvolvimento para invenção e vivência de novos valores, o que, evidentemente, supõe a erradicação de todos os processos de exploração, opressão e alienação [...] (Exposição de Motivos do Código de Ética do Assistente Social regulamentado pela Resolução CFESS n. 273/93)

Assim, as omissões, lacunas e dúvidas, diante de situações concretas, serão tratadas, em um primeiro momento, pelos Conselhos Regionais de Serviço Social, na forma já indicada, porém tal aplicação analógica, ou a partir dos princípios constitucionais e aqueles inscritos neste Código de Ética, não supera a lacuna da norma a partir de uma construção jurisdicional, efetivada pela primeira instância administrativa.

Por isso mesmo, as omissões, lacunas e dúvidas serão resolvidas pelos Conselhos Regionais *ad referendum* do Conselho Federal de Serviço Social, a quem caberá firmar jurisprudência sobre essas interpretações, bem como sobre as decisões firmadas pela instância recursal, em processos de natureza ética.

Somente o Conselho Federal de Serviço Social cabe firmar jurisprudência, que no caso vertente consiste na decisão administrativa irrecorrível, proferida num mesmo sentido acerca de uma matéria julgada em primeira instância pelos Conselhos Regionais de Serviço Social e julgada em última instância administrativa em grau recursal pelo CFESS, esgotando-se aí as vias administrativas.

Art. 36. O presente Código entrará em vigor na data de sua publicação no Diário Oficial da União, revogando-se as disposições em contrário.

A Resolução n. 273, de 13 de março de 1993, que instituiu o Código de Ética do Assistente Social, foi publicada no *Diário Oficial da União* n. 60, de 30 de março de 1993, Seção 1, páginas 4004 a 4007, passando a surtir seus efeitos legais e jurídicos, estando sujeito a ela todo assistente social registrado no Conselho Regional de Serviço Social de sua área de ação. A norma jurídica em questão tem aplicação dentro do território nacional em razão do princípio da territorialidade.

Bibliografia

ABRAMIDES, Maria Beatriz; CABRAL, Maria Socorro. *O novo sindicalismo e o serviço social*. São Paulo: Cortez, 1995.

AGUIAR, Antonio. A filosofia no currículo de serviço social. *Serviço Social & Sociedade*, São Paulo, n. 15, 1984.

ASSOCIAÇÃO BRASILEIRA DE ASSISTENTES SOCIAIS (ABAS). *Código de ética profissional do assistente social*. São Paulo, 1947.

ASSOCIAÇÃO BRASILEIRA DE ENSINO E PESQUISA EM SERVIÇO SOCIAL (ABEPSS). *Temporalis*, Brasília, ano II, n. 3, 2001.

_____. Diretrizes curriculares da Associação Brasileira de Ensino e Pesquisa do Serviço Social/ABEPSS, Brasília, 1996.

ASSOCIAÇÃO NACIONAL DOS SERVIDORES DA EXTINTA SECRETARIA DA RECEITA PREVIDENCIÁRIA (Unaslaf). *Abuso de poder e assédio moral, saiba um pouco mais o que é isso e veja se você não está sendo mais uma vítima*. Disponível em: <www.unaslaf.org.br/si/site/0042?idioma=portugues>. Acesso em: 17 mar. 2012.

BALTAZAR, Gilmara Monteiro. *Lei omissa*: a analogia, os costumes e os princípios gerais do direito. Disponível em: <www.oab-sc.org.br/institucional/artigos/28056.htm>. Acesso em: 17 mar. 2012.

BARROCO, Maria Lucia S. Ética, direitos humanos e diversidade. *Revista Presença Ética*, n. 3, Recife, 2003.

BARROCO, Maria Lucia S. A inscrição da ética e dos direitos humanos no projeto ético-político do serviço social. *Serviço Social & Sociedade*, São Paulo, n. 79, 2004.

_____. Reflexões sobre ética, pesquisa e serviço social. *Temporalis*, Brasília, n. 9, 2005.

_____. Bandidos, mitos e bundas: moral e cinema em tempos violentos. Revista *Sesc Festival de Melhores Filmes*. São Paulo: Sesc, 2008.

_____. A historicidade dos direitos humanos. In: FORTI, Valeria; GUERRA, Yolanda. *Ética e direitos*: ensaios críticos. Rio de Janeiro: Lumen Juris, 2009.

_____. Ética e política na dialética entre ruptura e conservadorismo profissional. *Inscrita*, Rio de Janeiro, n. 1, 2009a.

_____. Serviço social e pesquisa: implicações éticas e enfrentamentos políticos. *Temporalis*, Brasília, ano IX, n. 17, p. 2, 2009b.

_____. A dimensão ético-política do ensino e da pesquisa no serviço social. *Temporalis*, Brasília, ano 10, n. 19, p. 2, 2010a.

_____. *Ética e serviço social*: fundamentos ontológicos. 8. ed. São Paulo: Cortez, 2010b.

_____. Barbárie e neoconservadorismo: os desafios do projeto ético-político. *Serviço Social & Sociedade*, São Paulo, n. 106, p. 2, 2011a.

_____. *Ética*: fundamentos sócio-históricos. 3. ed. São Paulo: Cortez, 2011b. (Col. Biblioteca Básica para o Serviço Social, v. 4.)

_____; BRITES, Cristina. A centralidade da ética na formação profissional. *Temporalis*, n. 2, Brasília, 2000.

BATISTA, Vera Malagutti. *O medo na cidade do Rio de Janeiro*. Rio de Janeiro, 2003.

BEAR, Max. *História do socialismo e das lutas sociais*. São Paulo: Expressão Popular, 2006.

BEHRING, Elaine Rossetti; BOSCHETTI, Ivanete. *Política social*: fundamentos e história. São Paulo: Cortez, 2006. (Col. Biblioteca Básica Serviço Social.)

BEINSTEIN, Jorge. No começo de uma longa viagem: decadência do capitalismo, nostalgias, heranças e esperanças no século XXI. In: JINKINGS, Ivana; NOBILE, Rodrigo (Org.). *Istvan Mészáros e os desafios do tempo histórico*. São Paulo: Boitempo, 2011.

CÓDIGO DE ÉTICA DO/A ASSISTENTE SOCIAL COMENTADO

BERLINGUER, Giovanni. A ciência e a ética da responsabilidade. In: NOVAES, Adauto (Org.). *O homem máquina*: a ciência manipula o corpo. São Paulo: Companhia das Letras, 2003.

BETTIOL, Giuseppe. *Instituição do direito e processo penal*. Coimbra: Coimbra Editora, 1974.

BOBBIO, Norberto. *Dicionário de política*. Brasília: Editora UnB, 2003. v. 2.

BONAVIDES, Paulo. *Curso de direito constitucional*. São Paulo: Malheiros, 1996.

BONETTI, Dilsea et al. (Org.). *Serviço social e ética*: convite a uma nova práxis. São Paulo: Cortez/CFESS, 1996.

BOTTI, Elizabeth Valle. Instituição psiquiátrica e dominação burocrática: aproximações teóricas. *Revista Eletrônica de Ciências Sociais*, Juiz de Fora, ano 5, n. 12, abr./jul. 2011.

BRASIL. Constituição da República Federativa do Brasil de 1988. *Diário Oficial da União*, Brasília, 5 out. 1988. Disponível em: <www.planalto.gov.br/ccivil_03/Constituicao/Constituiçao.htm>. Acesso em: 19 mar. 2012.

_____. Lei federal n. 4.898, de 9 de dezembro de 1965. Regula o direito de representação e o processo de responsabilidade administrativa civil e penal, nos casos de abuso de autoridade. *Diário Oficial da União*, Brasília, 13 dez. 1965. Disponível em: <www.planalto.gov.br/ccivil_03/leis/L4898.htm>. Acesso em: 17 mar. 2012.

_____. Ministério da Educação (MEC). Parecer CNE/CES n. 492/2001. Homologado pelo Ministro de Estado da Educação em 9 de julho de 2001 e consubstanciado na Resolução CNE/CES n. 15/2002. *Diário Oficial da União*, Brasília, 9 abr. 2002.

BRAZ, Marcelo. Notas sobre o projeto ético-político. *Assistente social*: ética e direitos. Rio de Janeiro: CRESS/7ªRegião, 2005.

BRITES, Cristina, M. *Ética e uso de drogas*: uma contribuição da ontologia social para o campo da saúde pública e da redução de danos. Tese (Doutorado) — PUC, São Paulo, 2006.

_____. Valores, ética, direitos humanos e lutas sociais. In: _____; FORTI, Valéria (Org.). *Direitos humanos e serviço social*: polêmicas, debates e embates. Rio de Janeiro: Lumen Juris, 2011.

BRITES, Cristina, M.; SALES, Mione A. *Ética e práxis profissional*. Brasília: Conselho Federal de Serviço Social, 2000. (Livro 2 do Curso Ética em Movimento: Capacitação Ética para Agentes Multiplicadores.)

CARNEIRO, Pedro Henrique Marinho. *Política social, saúde mental e infância e juventude*: a medicalização dos transtornos de conduta em Carapicuíba (SP). Dissertação (Mestrado) — PUC, São Paulo, 2010.

CHAUI, Marilena. Direitos humanos e medo. *Direitos humanos e...* São Paulo: Brasiliense, 1989.

_____. Público, privado, despotismo. In: NOVAES, A. (Org.). *Ética*. São Paulo: Companhia das Letras/Secretaria Municipal de Cultura, 1992.

_____. *Cultura e democracia*: o discurso competente e outras falas. São Paulo: Cortez, 2006.

CHESNAIS, François. *A mundialização do capital*. São Paulo: Xamã, 1996.

_____. Não só uma crise econômica e financeira, uma crise de civilização. In: JINKINGS, Ivana; NOBILE, Rodrigo (Org.). *Istvan Mészáros e os desafios do tempo histórico*. São Paulo: Boitempo, 2011.

CONSELHO FEDERAL DE ADMINISTRAÇÃO (CFA). Resolução CFA n. 05/93, Brasília, 1993.

CONSELHO FEDERAL DE ASSISTENTES SOCIAIS (CFAS). *Código de ética profissional do assistente social*. São Paulo: CFAS, 1965.

_____; _____. São Paulo: CFAS, 1975.

CONSELHO FEDERAL DE SERVIÇO SOCIAL (CFESS). *Código de ética profissional do assistente social*. Resolução n. 273, de 13 de março de 1993. Publicada no *Diário Oficial da União*, Brasília, 30 mar. 1993. Brasília, CFESS, 1997.

_____. *Código de ética profissional do assistente social*. 9. ed. rev. e atual. Brasília, CFESS, 2011.

_____. *CFESS Manifesta*. Instrumento em defesa da ética, dos direitos e da emancipação humana por alusão aos 18 anos do Código de Ética Profissional em 13 de março de 2011a.

_____. *Legislação e resoluções sobre o trabalho do(a) assistente social*. Brasília: CFESS, 2011b.

_____. Resolução CFESS n. 533, de 29 de setembro de 2008. Brasília, 2008.

CONSELHO FEDERAL DE SERVIÇO SOCIAL (CFESS). *Atribuições privativas do(a) Assistente social*: em questão. Brasília: CFESS, 2002.

CONSELHO REGIONAL DE SERVIÇO SOCIAL (CRESS). *Legislação para o serviço social*. São Paulo: CRESS/SP, 2007.

CORTELLA, Mario Sérgio. Bioética hoje e no futuro: reflexões em torno de ciência, consciência e fatalidade. In: COIMBRA, José de Ávila Aguiar (Org.). *Fronteiras da ética*. São Paulo: Senac, 2002.

_____. *Não nascemos prontos*: provocações filosóficas. São Paulo: Vozes, 2006.

_____; LA TAILLE, Yves. *Nos labirintos da moral*. Campinas: Papirus, 2005.

COSTA, Jurandir Freire. O medo social. *Veja*: 25 anos. Reflexões para o futuro, São Paulo, 1993.

_____. *Psicanálise e moral*. São Paulo: Educ, 1989.

COUTINHO, Arnaldo Pineschi de Azeredo. *Ética na medicina*. Petrópolis: Vozes, 2006.

COUTINHO, Carlos Nelson. *Contra a corrente*: ensaio sobre a democracia e socialismo. São Paulo: Cortez, 2000.

_____ *Intervenções*: o marxismo na batalha das ideias. São Paulo: Cortez, 2006.

DECLARAÇÃO DOS DIREITOS DO HOMEM E DO CIDADÃO. França, 1789.

DHAI, Ames. A revisão ética nos comitês. In: DINIZ, Débora et al. (Org.). *Ética na pesquisa*: experiência de treinamento em países sul-africanos. Brasília: Letras Livres/Editora UnB, 2008.

DINIZ, Débora; GUILHEM, Dirce. A ética na pesquisa no Brasil. In: _____. *Ética na pesquisa*: experiência de treinamento em países sul-africanos. Brasília: Letras Livres/Editora UnB, 2005.

ESCORSIM NETTO, Leila. *O conservadorismo clássico*: elementos de caracterização e crítica. São Paulo: Cortez, 2011.

ESPÍNDOLA, Ruy Samuel. *Conceito de princípios constitucionais*. São Paulo: RT, 1999.

EURICO, Marcia Campos. *Questão racial e serviço social*: uma reflexão sobre o racismo institucional e o trabalho do assistente social. Dissertação (Mestrado) — PUC, São Paulo, 2011.

ETXEBERRIA, Xabier. *Ética de la diferencia*. Bilbao: Universidad de Deusto, 1997.

FALEIROS, Vicente de P. Confrontos teóricos do movimento de reconceituação do serviço social na América Latina. *Serviço Social & Sociedade*, São Paulo, n. 24, 1987.

FERNANDES, Francilene Gomes. *Barbárie e direitos humanos*: as execuções sumárias e desaparecimentos forçados de maio (2006) em São Paulo. Dissertação (Mestrado) — PUC, São Paulo, 2011.

FERNANDES, Neide Aparecida. *A atuação do Conselho Regional de Serviço Social de São Paulo em relação às denúncias éticas*: 1993 a 2000. 2004. Dissertação (Mestrado) — PUC, São Paulo, 2004.

FRAGOSO, Heleno Claudio. O papel do tribunal na aplicação das penas. *Revista Brasileira de Criminologia*, [S.l.], n. 17, 1967.

FREDERICO, Celso. *O jovem Marx*: as origens da ontologia do ser social (1883-1844). São Paulo: Cortez, 1995.

GENTILLI, Raquel de Matos Lopes. *Representações e práticas*: identidade e processo de trabalho no serviço social. São Paulo: Veras, 1998.

GORENDER, Jacob. *Direitos humanos*: o que são (ou devem ser). São Paulo: Senac, 2004.

GRAMSCI, Antônio. Os intelectuais. O princípio educativo. In: _____. *Cadernos do cárcere*. Edição e trad. de Carlos Nelson Coutinho. Coedição: Luis Sergio Henrique e Marco A. Nogueira. Rio de Janeiro: Civilização Brasileira, 2000.

GRAU, Eros Roberto. *Licitação e contrato administrativo*. São Paulo: Malheiros, 1995.

GRUPO DE ESTUDOS E PESQUISAS SOBRE ÉTICA (Gepe). Códigos de Ética do Serviço Social. *Presença Ética*. Programa de Pós-graduação em Serviço Social da UFPE, Recife, ano 1, v. 1, 2001.

GUAZZELLI, Amanda. *O desvelo da vida cotidiana e o trabalho do assistente social*. 2009. Dissertação (Mestrado) — PUC, São Paulo, 2009.

GUEVARA, Ernesto. O socialismo e o homem em Cuba. *O socialismo humanista*. Petrópolis: Vozes, 1989.

HARVEY, David. *Condição pós-moderna*. São Paulo: Loyola, 1993.

HELLER, Agnes. *O cotidiano e a história*. Rio de Janeiro: Paz e Terra, 1972.

_____; _____. Sociología de La vida cotidiana. Barcelona: Ed. Península, 1998.

HOFLING, Eloísa de Matos. Estado e políticas (públicas) sociais. *Cadernos Cedes*, ano XXI, n. 55, 2001. Disponível em: <http://www.scielo.br/scielo.php?pid=s0101-32622001000300003&script=sci_arttext>.

HOBSBAWM, Eric. *A era das revoluções (1789-1848)*. 3. ed. Rio de Janeiro: Paz e Terra, 1981.

_____. *A era dos extremos. O breve século XX*. São Paulo: Companhia das Letras, 1995.

HOUAISS, Antônio; VILLAR, Mauro Salles. *Dicionário Houaiss da língua portuguesa*. Rio de Janeiro: Objetiva, 2001.

IAMAMOTO, Marilda V. *O serviço social na contemporaneidade*. São Paulo: Cortez, 1998.

_____. As dimensões ético-políticas e teórico-metodológicas no serviço social contemporâneo. In: SEMINÁRIO LATINOAMERICANO DE ESCUELA DE TRABAJO SOCIAL, 18., *Anais...*, San José, Costa Rica, 12 jul. 2004.

_____. *Serviço social em tempo de capital fetiche*. São Paulo: Cortez, 2007.

_____; CARVALHO, Raul. *Relações sociais e serviço social no Brasil*. São Paulo: Cortez/Celats, 1983.

IANNI, Octavio. *Capitalismo, violência e terrorismo*. Rio de Janeiro: Civilização Brasileira, 2004.

_____. Imperialismo e cultura. *Ensaio*, São Paulo, n. 14, 1985.

IASI, Mauro Luis. *O direito e a luta pela emancipação humana*. In: FORTI, Valéria; BRITES, Cristina M. (Org.). *Direitos humanos e serviço social*: polêmicas, debates e embates. Rio de Janeiro: Lumen Juris, 2011.

INSTITUTO SUPERIOR DE SERVIÇO SOCIAL. *Dossiê serviço social e direitos humanos*. Lisboa: ISSS, 1996.

KISNERMAN, Natalio. *Ética para o serviço social*. Petrópolis: Vozes, 1983.

KOVÁCS, Maria Júlia; ESSLINGER, Ingrid. *Dilemas éticos*. São Paulo: Loyola/ Centro Universitário São Camilo, 2008.

LEHER, Roberto. Desafios para uma educação além do capital. In: JINKINGS, Ivana; NOBILE, Rodrigo (Org.). *Istvan Mészáros e os desafios do tempo histórico*. São Paulo: Boitempo, 2011.

LESSA, Sergio. *Mundo dos homens*: trabalho e ser social. São Paulo: Boitempo, 2002.

LIMA, Andréa. Além da ética... In: *As cores do invisível*. Natal: Grafipel, 2003.

LOTT, Jason. Populações especiais e vulneráveis. In: DINIZ, Débora et al. (Org.). *Ética na pesquisa*: experiência de treinamento em países sul-africanos. Brasília: Letras Livres/Editora UnB, 2008.

LÖWY, Michael. Marxismo e cristianismo na América Latina. *Lua Nova*, São Paulo, n. 19, 1989.

_____. *Marxismo e teologia da libertação*. São Paulo: Cortez, 1991.

LUKÁCS, Gyorgy. *Estética. I. La peculiaridad de lo estético*. Barcelona/México: Grijalbo, 1966. v. 1.

_____. *As bases ontológicas da atividade humana*. São Paulo: Livraria Editora Ciências Humanas, 1978. (Temas, v. 4.)

_____. *Ontologia do ser social*: os princípios ontológicos fundamentais de Marx. São Paulo: Livraria Editora Ciências Humanas, 1979.

_____. A ontologia de Marx: questões metodológicas preliminares. In: NETTO, José Paulo (Org.). *Lukács*: sociologia. São Paulo: Ática, 1981. (Col. Grandes Cientistas Sociais, n. 20.)

_____. *Ontología del ser social*: el trabajo. Buenos Aires: Herramienta, 2004.

_____. *O jovem Marx e outros escritos de filosofia*. In: COUTINHO, Carlos Nelson; NETTO, José Paulo (Org.). Rio de Janeiro: UFRJ, 2007.

_____. *Prolegômenos para uma ontologia do ser social*: questões de princípio para uma ontologia hoje tornada possível. São Paulo: Boitempo, 2010.

MARCUSE, Herbert. *Razão e revolução*: Hegel e o advento da teoria social. Rio de Janeiro: Paz e Terra, 1978.

MARCUSE, Herbert. Industrialização e capitalismo na obra de Max Weber. In: _____. *Cultura e sociedade II*. Trad. de Wolfgang Leo Maar et al. São Paulo: Paz e Terra, 1998.

MARTINS, Vera Lucia: *Mal(ditas) drogas*: um exame dos fundamentos socioeconômicos e ideopolíticos da reprodução das drogas na sociedade capitalista. 2011. Tese (Doutorado) — PUC, São Paulo, 2011.

MARX, Karl. *A questão judaica*. São Paulo: Moraes, 1991.

_____. *Manuscritos econômico-filosóficos*. Lisboa: Edições 70, 1993.

_____. *Grundrisse (manuscritos econômicos de 1857-1858. Esboço da crítica da economia política)*. São Paulo: Boitempo, 2011.

MATOS, Maurílio Castro. *Cotidiano, ética e saúde*: o serviço social frente à contrarreforma do estado e à criminalização do aborto. 2009. Tese (Doutorado) — PUC, São Paulo, 2009.

MEIRELLES, Hely Lopes. *Direito administrativo brasileiro*. São Paulo: Malheiros, 2006.

MELO, Luciana Maria Cavalcante. *Bioética no exercício profissional do serviço social*: uma análise sob a ótica da ontologia social de Marx. 2009. Tese (Doutorado) — PUC, São Paulo, 2009.

MESQUITA, Marylucia; MATOS, Maurílio Castro. O amor fala todas as línguas: assistente social na luta contra o preconceito: — reflexões sobre a campanha do Conjunto CFESS/CRESS. In: *Em Pauta*, revista da Faculdade de Serviço Social da Universidade do Estado do Rio de Janeiro, v. 9, n. 28, p. 131-146, dez. 2011.

MÉSZÁROS, Istvan. *A teoria da alienação em Marx*. São Paulo: Boitempo, 2006.

_____. Marxismo e direitos humanos. In: *Filosofia, ideologia e ciência social*: ensaios de negação e afirmação. São Paulo: Ensaio, 1993.

MORELLI, Daniel Nobre. Notas sobre pluralismo político e estado democrático de direito. *Universo Jurídico*, Juiz de Fora, ano XI, 6 dez. 2007. Disponível em: <http//uj.novaprolink.com.Br/doutrina/4629/Notas_sobre_Pluralismo_Político_e_Estado_Democrático_de_Direito>. Acesso em: 19 jan. 2012.

NETTO, José Paulo. *Capitalismo e reificação*. São Paulo: Livraria Editora Ciências Humanas, 1981.

NETTO, José Paulo. *Capitalismo monopolista e serviço social*. São Paulo: Cortez, 1991.

_____. Transformações societárias e serviço social: notas para uma análise prospectiva da profissão no Brasil. *Serviço Social & Sociedade*, São Paulo, n. 50, 1996.

_____. A construção do projeto ético-político do serviço social frente à crise contemporânea. *Capacitação em serviço social e política social*: crise contemporânea, questão social e serviço social (Módulo I). Brasília: CFESS/ABEPSS/Cead/UnB, 1999.

_____; BRAZ, Marcelo. *Economia política*: uma introdução crítica. São Paulo: Cortez, 2006. (Biblioteca básica do serviço social).

ORGANIZAÇÃO DAS NAÇÕES UNIDAS (ONU). Declaração Universal dos Direitos Humanos. 10 de dezembro de 1948.

ORDEM DOS ADVOGADOS DO BRASIL (OAB). Resolução n. 17/2000. São Paulo, 2000.

OSELKA, Gabriel et al. Bioética, hoje e no futuro. In: COIMBRA, José de Ávila Aguiar (Org.). *Fronteiras da ética*. São Paulo: Senac, 2002.

OZ, Amoz. *Contra o fanatismo*. Lisboa/Porto: Asa, 2007.

PEREIRA, Tania M. Dahmer; VINAGRE, Marlise. *Ética e direitos humanos*. Brasília: CFESS, 2007. (Curso ética em movimento, Livro 4.)

PIOVESAN, Flávia; SARMENTO, Daniel. *Nos limites da vida*: aborto, clonagem humana e eutanásia sob a perspectiva dos direitos humanos. Rio de Janeiro: Lúmen Juris, 2007.

RIOS, Terezinha Azeredo. *Ética e competência*. São Paulo: Cortez, 1993. (Questões da Nossa Época, v. 16.)

RODRIGUES, Marlene Braz. *Corpo, sexualidade e violência sexual*. Lisboa: CPIHTS/Veras, 2007.

ROURA, Gonzáles Octávio. *Derecho penal III*. [S.l.]: Valério Abeledo, 1925.

SADER, Emir; BETO, Frei. *Contraversões*: civilização ou barbárie na virada do século. São Paulo: Boitempo, 2003.

SANT'ANNA, Rosa Suze; ENNES, Lilian Dias. *Ética na enfermagem*. Petrópolis: Vozes, 2006.

SARMENTO, Helder B. *Bioética, direitos sociais e serviço social*. 2000. Tese (Doutorado) — PUC, São Paulo 2000.

SCHNEIDER, Benjamin; SCHUKLENK, Udo. Temas especiais em ética na pesquisa. In: DINIZ, Débora. *Ética na pesquisa*: experiência de treinamento em países sul-africanos. Brasília: Letras Livres/Editora UnB, 2008.

SARAMAGO, José. Da justiça à democracia passando pelos sinos. *Revista Fórum*: um outro mundo em debate, São Paulo, n. 4, 2002.

_____. *Ensaio sobre a cegueira*. São Paulo: Companhia das Letras, 2005.

SCHUTRUMPF, Jörn (Org.). *Rosa Luxemburg ou o preço da liberdade*. São Paulo: Expressão Popular/Fundação Rosa Luxemburg, 2006.

SIMÕES, Carlos. O drama do cotidiano e a teia da história: direito, moral e ética do trabalho. *Serviço Social & Sociedade*, São Paulo, n. 32, 1990.

TERRA, Sylvia Helena. Parecer jurídico CFESS n. 05/2002. Abrangência, conceito e diferença entre infração disciplinar e infração ética, a luz das disposições contidas no Código de Ética dos assistentes sociais, 2002.

_____. Parecer jurídico CFESS n. 11/2003. Reflexões e considerações sobre o "desagravo público" em face a proposta de alteração da Resolução CFESS n. 294/94, objetivando seu aperfeiçoamento, 2003.

TERTULIAN, Nicolas. O grande projeto da ética. *Cadernos Ensaios Ad Hominen*, São Paulo, n. 1, t. I, 1999.

TRINDADE, José Damião de Lima. *História social dos direitos humanos*. São Paulo: Peirópolis, 2002.

_____. *Os direitos humanos na perspectiva de Marx e de Engels*: emancipação política e emancipação humana. São Paulo: Alfa-Ômega, 2011.

TONET, Ivo. Fundamentos filosóficos para a nova proposta curricular em serviço social. *Serviço Social & Sociedade*, São Paulo, n. 15, 1984.

_____. Cidadania e emancipação humana. *Revista Espaço Acadêmico*, São Paulo, n. 44, ano IV, jan. 2005. Disponível em: <http://www.espaçoacademico.com.br/>.

TORRES, Andrea Almeida. *Para além da prisão*: experiências significativas do Serviço Social na Penitenciária Feminina da Capital/SP (1978-1983). Tese (Doutorado)-PUC, São Paulo, 2005.

TROTSKY, Leon. *Moral e revolução*. Rio de Janeiro: Paz e Terra, 1978.

_____. *A revolução traída*. São Paulo: Global, 1980.

UNIVERSIDADE DE BRASÍLIA (UnB). Resolução do Conselho de Administração n. 05/93. Estabelece normas de afastamento para capacitação dos servidores técnicos-administrativos da Fundação Universidade Brasília, Brasília, 1993.

VASCONCELOS, Ana Maria. *A prática do serviço social*: cotidiano, formação e alternativas na área de saúde. São Paulo: Cortez, 2002.

VÁZQUEZ, Adolfo Sánchez. Anverso y reverso de la tolerancia. *Entre la realidad y la utopía*: ensayos sobre politica, moral y socialismo. Cidade do México: Universidad Nacional Autónoma de México/Fondo de Cultura Económica, 1999.

WACQUANT, Loic. *As prisões da miséria*. Rio de Janeiro: Zahar, 2001.

_____. *Punir os pobres*: a nova gestão da miséria nos Estados Unidos. Rio de Janeiro: Revan, 2007.

LEIA TAMBÉM

ÉTICA E SERVIÇO SOCIAL
fundamentos ontológicos

Maria Lucia S. Barroco

8ª edição - 6ª reimp. (2018)

224 páginas

ISBN 978-85-249-0813-2

Baseando seus argumentos no aporte teórico de Marx e na reflexão imprescindível de Georg Lukács e alguns de seus discípulos, a autora explicita as bases ontológico-sociais da Ética e analisa a trajetória do Serviço Social nessa esfera, evidenciando as diferenças significativas entre o *ethos* tradicional e o *ethos* de ruptura presentes em seu evolver histórico.